树木盆景制作完全图解

[日] 广濑幸男 著
周小燕 译

海峡出版发行集团 | 福建科学技术出版社
THE STRAITS PUBLISHING & DISTRIBUTING GROUP | FUJIAN SCIENCE & TECHNOLOGY PUBLISHING HOUSE

前　言

盆景，作为东方文化的代表之一，逐渐受到世界各国人民的瞩目。我和盆景的相遇，始于大学三年级。那时我在高知县空手道集训，集训结束返程时顺便造访了大阪万博（1970年），才初次观赏到了真正的盆景，心里不断赞叹：盆景真的很美啊！由此决心将盆景作为毕生的事业。我的家庭也从事园艺工作，和造园有着密不可分的联系，所以我一边帮忙打理家业，一边慢慢培育和销售盆景。

在这之前，我并没有在盆景园学习实践的经历，所以只能依葫芦画瓢，秉承“人人皆能为我师”的理念，坚持“每天学一种新盆景”，不断地丰富知识和锻炼技艺。后来，我对能置于掌上的“小型盆景”越发着迷。时至今日，转眼已过了半个世纪。

小型盆景并不强求一定是价格昂贵的多年老桩，也可以从身边树木的分株、扦插苗开始着手。认真对待手中的桩胚，边构思理想的树形，边进行修剪、蟠扎、换盆等，不知不觉中融入了自己的感情，进而就培育出独一无二的作品。

对初学者来说，要打开盆景世界的大门，建议最好从模仿开始。本书针对每一种树木，通过图解全面细致地介绍了每一步操作。只要你一步步照着做，就能制作出令人惊艳的盆景。即使是初学者，其作品也可能卖出高价，这并非痴人说梦。

想要进一步了解盆景世界，就要观赏大量的盆景佳作，提升艺术修养，这也非常重要。书中根据不同的树木种类，介绍了大量可当做范例的盆景，盆器和花架的选用也别具匠心。在这其中一定能找到独属于你的盆景，全心全意地制作、照料，尽享盆景带给你的乐趣吧。

近年来，盆景渐渐受到世界各国各阶层人士的追捧，从青年人到老年人。通过本书，我希望能让更多的人感受到盆景的魅力，也希望今后有越来越多的人喜欢上盆景。

广濑幸男

目录

第1章 盆景的基础知识

第2章 盆景的基础管理与养护方法

第3章

常见树木盆景制作方法

观果类

草本类

第1章
盆景的基础知识

普通盆栽和盆景的差异

即使将同一种树木同样栽入盆中，普通盆栽和盆景也有所不同。

普通盆栽和盆景，栽入盆的方式几乎一样。但普通盆栽使用深盆，而盆景根系较小，使用的是浅盆（鉴赏盆）。

树形也有差异，普通盆栽越往上生长越向两侧伸展，自然呈现倒三角形。而盆景则培育成向下生长的三角形，且为了表现老树姿态，常用金属丝缠绕下压枝条，人工造就出极致的美感。

盆景虽小，却如大树般古朴苍劲。虽然仅是一棵树，却展现了大自然的唯美风景，也能让观赏者感受到时光荏苒、岁月如梭。盆景并不仅是自然风光的缩影，也是精神世界的体现。

小贴士

盆景分类（根据树高）

※中国盆景分类标准与日本有所不同。

大型盆景　树高60厘米及以上。（中国标准：81~120厘米）

中型盆景　树高1~60厘米。（中国标准：41~80厘米）

小型盆景　树高20厘米及以下。（中国标准：11~40厘米）
※能置于掌中的盆景，本书也有介绍。

微型盆景　树高10厘米及以下。（中国标准：10厘米及以下）

盆景鉴赏的要点

鉴赏盆景时，可根据下述的要点逐一观赏。

首先近观纹理细节，然后远观整体姿态。顺应四季变化，参加当季的展览会，欣赏众多名品佳作，这也是一种很好的学习经历。

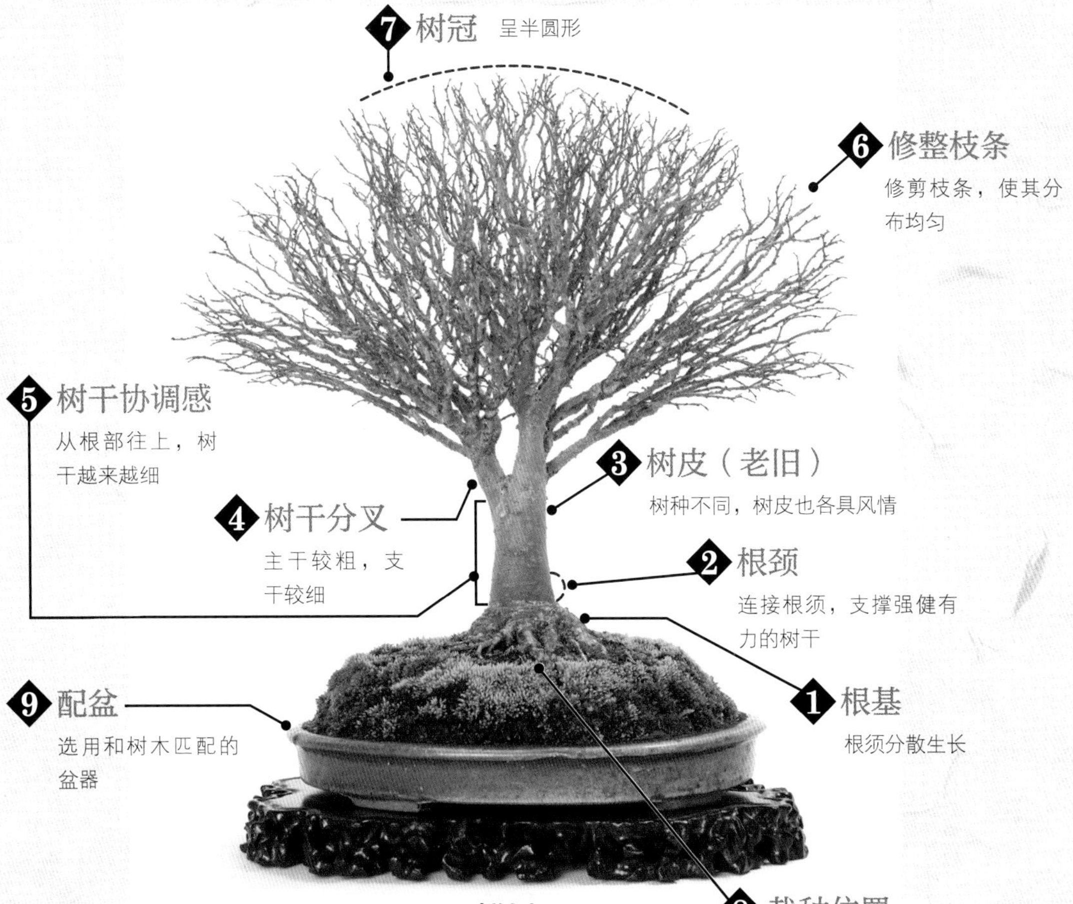
8 栽种位置
盆器和树木融为一体

榉树

10 花朵·果实　开花或结果的位置恰到好处

十月樱

日本南五味子

盆景的种类

除了将树木栽于盆中制作出松柏、杂木、观花、观果等盆景外，还有将草本植物栽入盆中做成的草本盆景。

松柏

以松树为代表，包括杉树、扁柏等常绿针叶树制作的盆景，统称为松柏盆景。松柏常青，意寓吉祥，生命旺盛，长寿不朽。因而，松树盆景常用作新年贺岁。

黑松

杂木

以枫树、榉树、银杏树等落叶阔叶树为代表，包括栀子、圆叶小石积等可观花的部分常绿阔叶树等制作的盆景统称为杂木盆景。杂木盆景顺应四季变化，能让观赏者感受新芽、新绿、红叶、寒树等带来的乐趣。

鸡爪槭

观花

以茶花、梅花、樱花、杜鹃等可观赏花朵的植物制作的盆景，统称为观花盆景。修剪时要注意花芽。

茶花

老鸦柿

观果

以老鸦柿、木通、木瓜等观赏果实的植物制作的盆景，统称为观果盆景。树种不同，为了促进结果，采用的方法也有所差异。

大文字草

草本

以大文字草、堇菜、虎耳草等花草可培育成的盆景，统称为草本盆景。这些植物虽然也可以丛植，但最好还是先每盆只栽一种，然后和其他盆景组合。

基本树形

自古以来，盆景就有各种约定俗成的观赏树形。了解了这些树形，就能找到自己喜欢的盆景了。

直干

一棵树干直立向上生长。这种树形雄伟挺拔，笔直耸立，感觉一直延伸到天空。

双干

树干从根部分生成两支。这种树形主干和支干协调呼应，互相烘托。

斜干

树干向左或向右倾斜。这种树形枝繁叶茂，前后左右看去都层层叠叠，亭亭如盖。

模样木

树形端庄规整。树干和枝条前后左右伸展有序，老树虬枝，生机盎然。此树形盘曲多姿，造型生动别致。

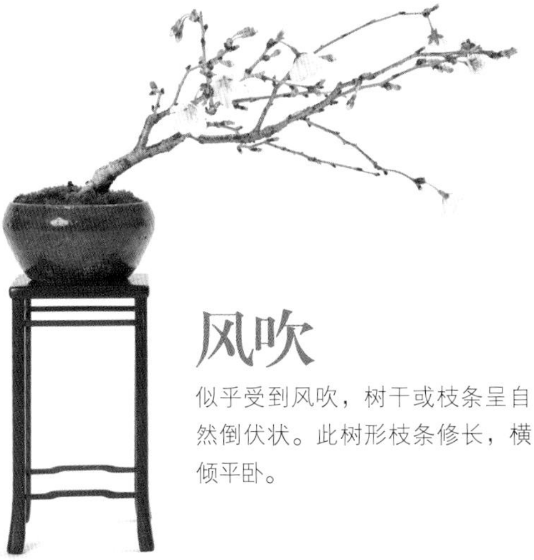

风吹

似乎受到风吹，树干或枝条呈自然倒伏状。此树形枝条修长，横倾平卧。

悬崖

树干或枝条低于盆底的树形。树干或枝条只低于盆边的，称为半悬崖。

文人木

纤细的树干向上延伸，下方枝条全部剪掉。此树形因颇受日本江户时代文人的喜爱而得名。

分干

从根部分出多条树干。此树形主干和副干错落有致，协调呼应，极具美感。

露根

根须突出盆面。此树形表现因大自然的严酷，根须被冲刷露出地面的粗犷状态。

从干

将多条（奇数）树干，栽入同一个盆中。此树形宛如山林，模仿自然风光。

附石

好似在悬崖峭壁上生长。此树形是在天然山石上铺满泥炭土，将树木栽入其中。

制作盆景的工具

制作盆景前，首先要备齐工具。根据不同的操作要求，搭配使用正确的工具，这是制作盆景佳作的第一步。

修枝剪

修剪细枝条

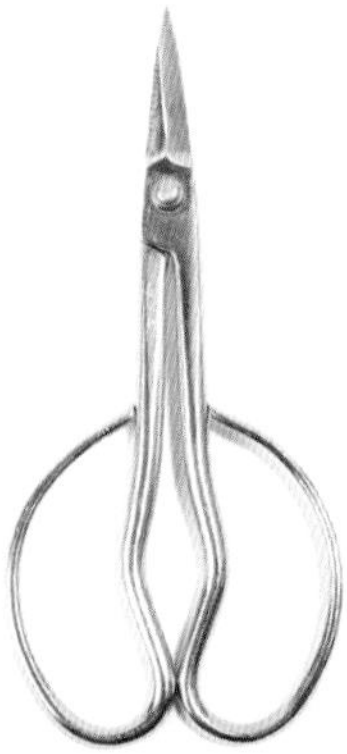

修根剪

移栽时剪掉根，或剪掉粗枝

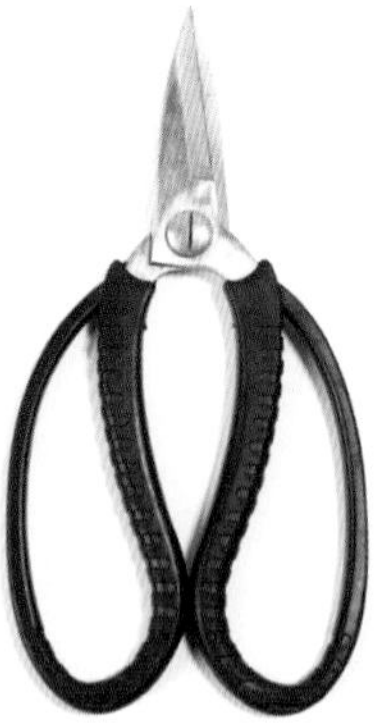

钳子

缠绕固定根部的金属丝，或剪断金属丝

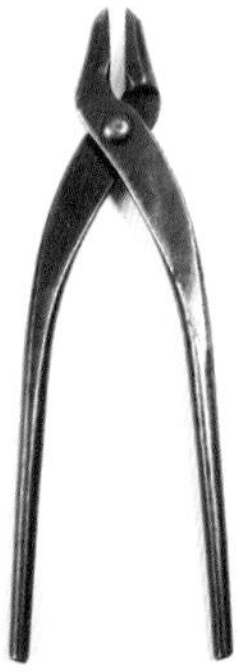

断丝剪（大·中·小）

剪断金属丝。根据金属丝的粗细选择大小合适的剪刀

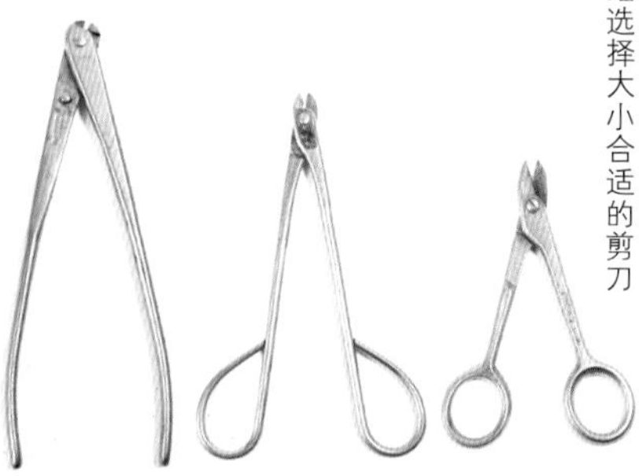

修叶剪

修剪叶片

旋转台

可以旋转360°操作

叉枝剪

修剪根或粗枝

根钩

移栽时疏松根部土壤

钢丝钳

移栽时缠绕金属丝

锯子

锯断粗树干

棕榈刷

清扫旋转台或桌子上的尘土

镊子

用来摘芽、剔芽、摘叶

嫁接刀

用来制作神枝或舍利干

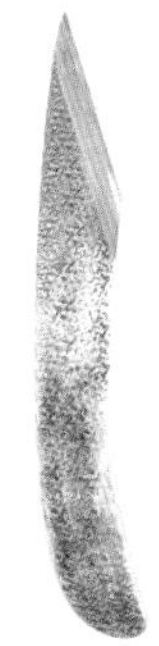

铁丝·铜丝·铝丝

用来固定盆底网或蟠扎。直径为0.8~3.0毫米

竹签

移栽时用竹签捣插盆土，减小盆土缝隙

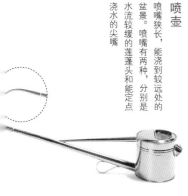

手术刀

嫁接时使用

手持喷雾

移栽时用来清理盆器，或给花草浇水

取土铲

将盆土铲入盆中

盆底网

防虫，防止盆土流失

喷壶

喷嘴狭长，能浇到较远处的盆景。喷嘴有两种，分别是水流较缓的莲蓬头和能定点浇水的尖嘴

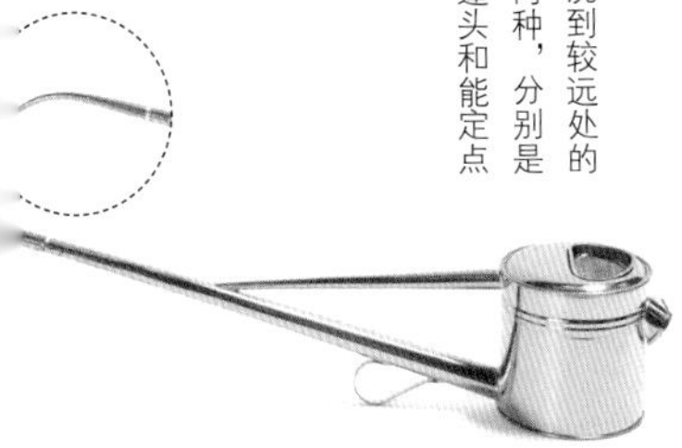

盆景使用的盆土

最常使用的盆土是赤玉土搭配河沙。
鹿沼土常用于杜鹃，河沙或竹炭常用于松柏等。

3 河沙

1 7份赤玉土（小粒）、3份河沙混合

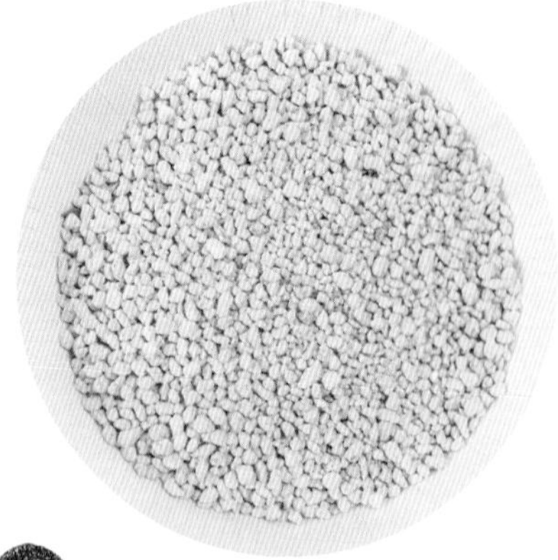

4 鹿沼土（小粒）

2 7份赤玉土（中粒）、3份河沙混合

5 竹炭

泥炭土的做法

泥炭土是水边的植物枯萎后，在水底形成的黏土状的物质，其营养十分丰富。

因为有黏性，泥炭土能让盆器和植物紧密贴合，所以常用于制作附石或草本盆景的苔球。泥炭土干燥后会收缩，所以要和赤玉土混合使用。

调配泥炭土时，放入的赤玉土会吸收水分，让质地更结实，而泥炭土本身具有柔软的特性，因此可边搅拌边调整两者的比例，使之达到不软不硬的程度

1 准备盆土。
3份赤玉土（小粒）、7份泥炭土混合

2 在容器内放入泥炭土，倒入水（适量），用手稍加搅拌。

3 放入赤玉土，用手稍加搅拌。

要诀

将盆土搅拌变黏后推到容器边缘，能看到容器底部不挂浆，调整到这种软硬度就可以了。

4 用手搅拌到盆土变黏。

5 粗略揉成球状，这样方便使用。

盆景使用的盆器

盆景有专用的盆器。以往主要使用中国盆，万古烧、信乐烧等日本盆现在也越来越受欢迎。

= 泥盆 =

栽植松柏时常用此种盆器，以凸显枝繁叶茂，强化厚重感素烧盆的肌理和微妙的颜色差异非常有趣。

朱泥外沿长方盆

朱泥外沿圆盆

朱泥木瓜盆

朱泥外沿正方盆

紫泥剑木瓜盆

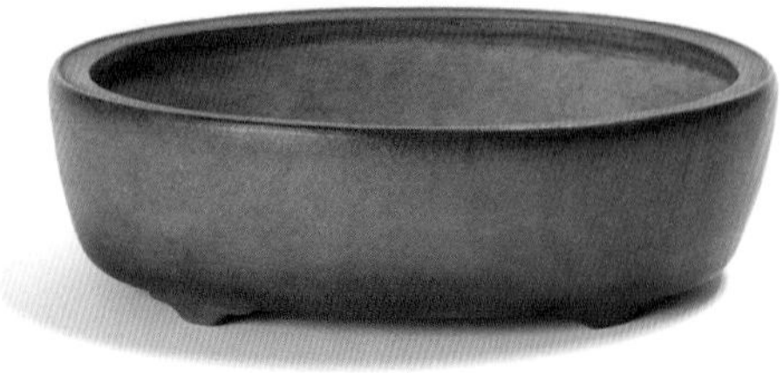

白泥直沿椭圆盆

= 彩釉盆 =

除不用于栽植松柏外，彩釉盆是用途广泛的盆器。它有蓝色系和红色系等各种颜色。搭配观花盆景或观果盆景时，要选择凸显花朵或果实的颜色。

淡绿色交趾直沿圆盆

绿色釉椭圆盆

鸡血釉木瓜盆

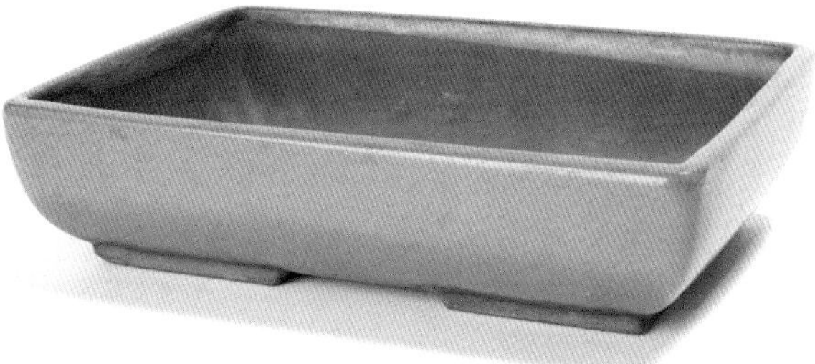

钧釉长方盆

琉璃釉木瓜盆

草绿色钧釉长方盆

窑变直沿正方盆

黄色钧釉外沿盆

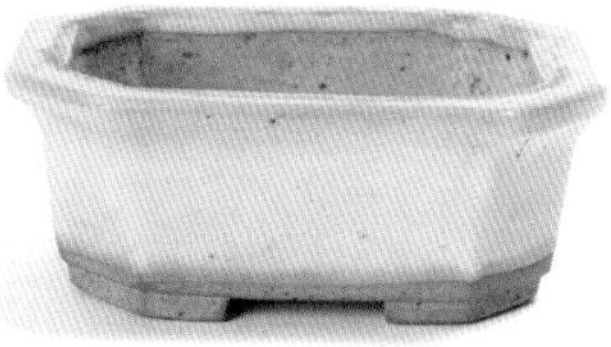

白釉长方盆

= 彩绘盆 =

美丽的彩绘虽然惹人喜爱，但很难和树木搭配，所以适合盆景达人使用。摆在几架上，一般 5 盆盆景中只使用 1 个彩绘盆，烘托出一种雍容华贵的氛围。

粉彩山水长方盆

绿釉粉彩花卉长方盆

矾红山水长方盆

红泥青花开光正方盆

青花山水圆盆

黄釉花卉六角盆

= 异形盆 =

奇形怪状或窑变形成的异形盆，不受常规思维的限制，随意搭配盆景，反而可能碰撞出全新的火花。

大隅正方盆

琉璃椭圆扁盆

朱砂边圆盆

窑变方底方口高盆

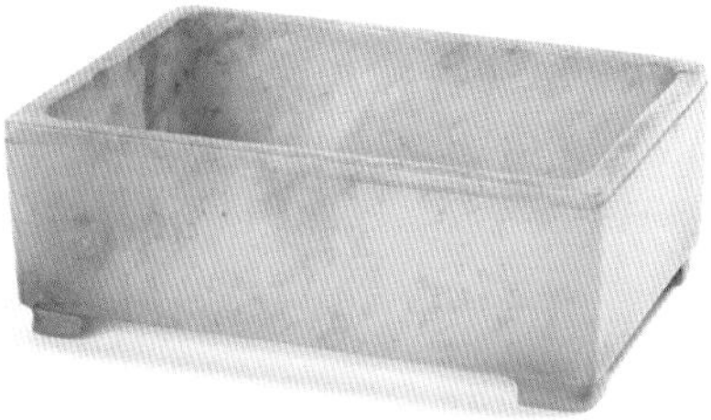

玛瑙中空长方盆

备前竹节圆盆

鸡血釉长方盆

盆景使用的几架

盆景和盆栽观叶植物不同，它只有在最美丽的时候或重要的日子里，才会在室内展示几天。展示时，会把盆景摆在几架、桌案或底板上。

= 几架 =

几架有两层和三层之分。高低错落、交叉做成的几称作高低架。还有半圆形架，种类非常丰富。

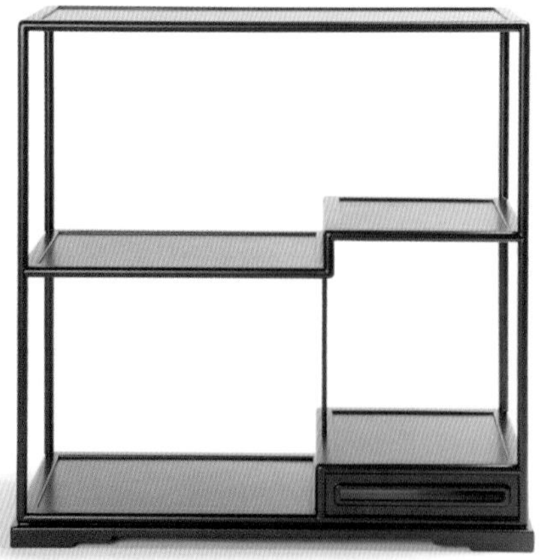

富士几架

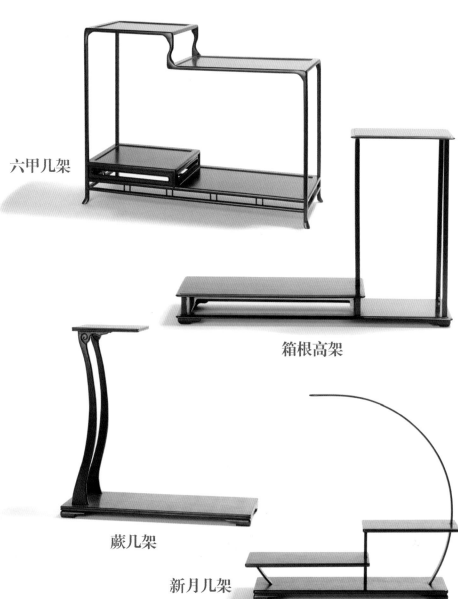

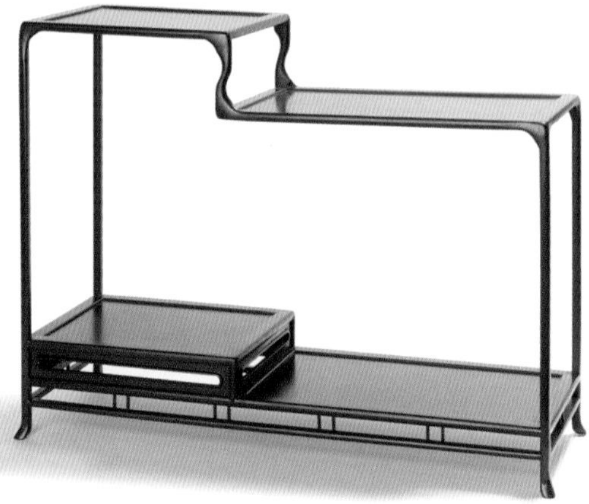

六甲几架

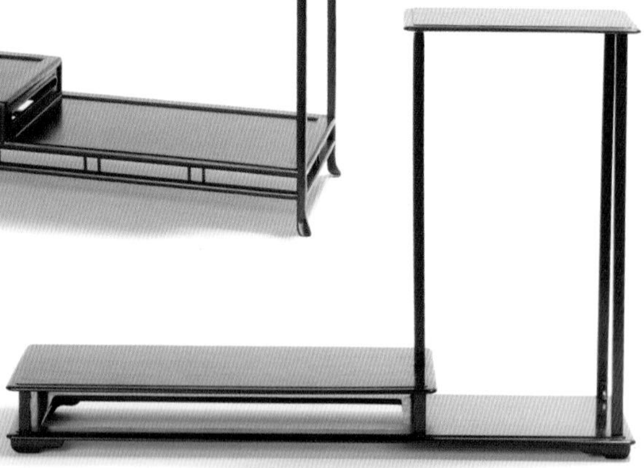

箱根高架

蕨几架

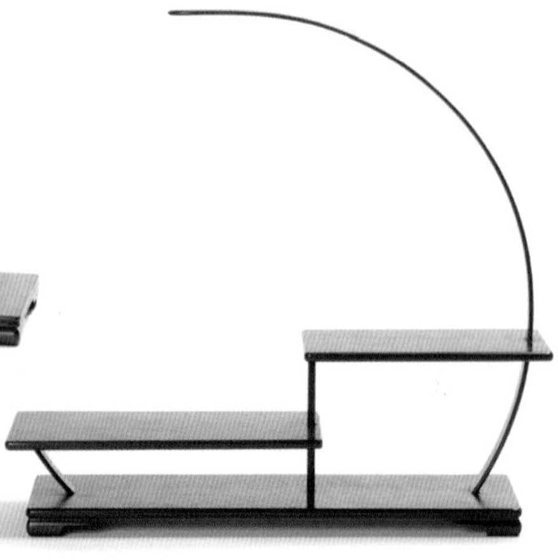

新月几架

= 桌案 =

每一盆盆景都与众不同，应为它选择高度不同的桌案。像悬崖型盆景，树干或枝条垂过盆底，就要为它选择高脚桌。

圆高桌案

紫檀天然根雕桌案

小圆桌案

高桌案

算筹桌案

= 底板 =

景的底板，插花时也常用到，为浑然天成的天然木材、上的木板和陶土板等。可根据景的大小和风格选择合适的质。

天然木材底板

圆底板

漆底板

用摆件点缀添彩

增添人物、动物、海洋生物、建筑物等小物件，能让盆景世界更生动。摆件分为陶瓷器、木雕、金属制品等，材质、形状和种类都十分丰富。

盆景的陈设方法

将悉心培育的盆景放在几架上展示。

陈设方法分为使用几架的几架陈设和放在壁龛的地板陈设，以及新潮异类的现代陈设。

= 几架陈设 =

将松柏等重要盆景放在顶
心，再搭配杂木或草本盆景
根据树木或花草生长的
饰，就能浑然融为一体。

几架陈设 五件摆饰

（上部）圆柏罣山盆，（下部 从右往左）越橘 日本盆，榔榆 春嘉盆
（配景 从左到右）三叶海棠 昭阿弥盆，蓝花耳草 照子盆

几架陈设 五件摆饰

（上部）圆柏 自作盆
（中部）台湾三角枫 服部盆
（下部）月见草 自作盆
（配景从左到右）榉树 鸿阳盆，堇菜 云八盆

几架陈设 七件摆饰

（上部）圆柏 石秀盆
（中部 从右到左）云片柏 陶雀盆，贴梗海棠 兼山盆
（下部 从右到左）小叶络石 雄山盆，三角枫 香山盆
（配景 从左到右）紫薇 沐雨盆，葶苈 日本盆

= 地板陈设 =

在壁龛下陈设盆景。由松柏等主角（主木）、杂木或草本（配景）、衬托盆景的挂轴这三要素构成。注意，主木的方向一定要选择朝着挂轴。

（从左到右）圆柏 紫泥盆，荷包山桂花 町直盆，三角枫 一弘盆

= 现代陈设方法 =

对于不受制于传统、设计新潮的几架，陈设方法也可以随心所欲，独辟蹊径。可以十字几架陈设方式为基础，略微调整整体形状即可。

（上部）圆柏 中国盆
（中部 从左到右）栀子花 石山盆
姬胧月 竹山盆
云片柏 中国盆
（下部）乙女玉簪 一苍盆

在何处购买盆景

想要制作盆景、购买盆景，主要通过以下三种途径。

1 盆景专卖店。大多可培育、销售盆景，以及开办盆景教学。另外，还可寄养顾客的盆景，提供修剪、蟠扎、养护孱弱盆景等各种服务。

2 盆景展。可以近距离观赏盆景佳作，从中也可以学习盆景的陈设方法。若是盆景展销会，你还可以直接选择盆景（销售者大多是生产商或盆景的专家）。也可以请教培养盆景的心得。

3 网店。网络上有不少销售盆景的商家，在那里可以轻易地买到所有种类的盆景。

虽然购买方式多种多样，但最重要的是买到自己喜欢的盆景，还要悉心栽培。只要多花点心思，对盆景的感情就会越来越深。

专栏 1

2

3

1

❶盆景展“相模小型盆景展”商店一景
❷盆景展“秋雅展”商店一景
❸盆景专卖店“大和园”入口

第2章

盆景的基础管理与养护方法

根据盆景的种类，打造最合适的环境，才能让盆景保持自然美丽，花颜永驻。

1.选择放置地点

树木喜欢的环境，最起码要日照充足，通风良好。但是，根据原产地不同，各种树木最适合的环境也会有所差异。

如果想为多种盆景打造优良的环境，建议在庭院里设置花架。花架上部日照充足、空气干燥，下部日照略少、空气湿润。也可以委托商家，做出所有位置都光照充足的花架。

即使在大厦的天台，也可以轻易地培育盆景。

这种情况下，要用橡胶绳固定盆器，以免被风吹倒。

每种树木，都要随着季节的变换调整养护方法。如果树木不耐暑，盛夏应盖上遮阳网遮蔽阳光；如果树木不耐寒，冬日应移到屋檐下，或搬入室内。

根据不同树木的特性，选择合适的放置地点，树木才能顺利地开花结果，培育出不会生病、枝叶强健的盆景。

2.浇水

俗话说，浇水三年功。在培育盆景时，浇水看似简单，实则很难。

浇水的基本原则，是等到盆土表面干燥后，浇入足量的水，浇到水从盆底孔洞中流出为止。但树木习性不同，有的喜水，有的不耐水。另外，随着季节的变换或盆景不同的状态，浇水的用量和频度都会有所不同。

一般来说，用水管接自来水浇水，但是树木太干燥时，可以用喷壶浇水。用喷壶一壶一壶浇灌的话，还能仔细观察盆景的状态。通过查看盆景的培育状态，还能掌握适合除草、施肥、蟠扎等各种养护方法的时间点。

如果忘了浇水，盆景缺水，可以用水桶装满水，将盆景连同盆器一起浸泡在水桶里来补救。另外，夏季傍晚时，往叶面上喷水，也可以补充水分。

将整个盆景完全泡入水中。浸泡是盆景缺水时的应急补救方法。

3.施肥

大部分盆景施肥时都是用固体肥料“置肥”。大颗粒固体肥料，可以用金属丝固定在盆土表面。

树木不同，对肥料的需求也会不同。观赏花朵或果实的盆景，也会使用专用肥料。

另外，如果要放置两粒以上的大颗肥料，就要保持位置的均衡。

> **要诀**
> 观花、观果盆景大多含施磷、钾较多的固体肥料。比如右边图片的老鸦柿，在相对的两个位置施肥。直径9厘米的盆器放一粒肥料为宜。

◆施肥方法

> **要诀**
> 金属丝切口用剪刀斜剪一下，更容易地插入土里。

1 将固体肥料缠上金属丝。

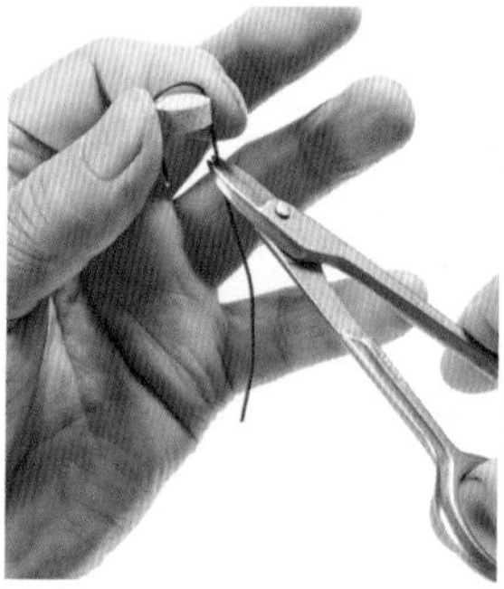

2 用剪刀将金属丝的左右两端剪成一样长。

> **要诀**
> 松柏盆景大多施含氮较多的有机肥料，让叶片更显翠绿。

3 将金属丝两端插入土中，固定在盆器边缘。

◆肥料种类

有机肥料（油渣）大颗
（含氮较多）

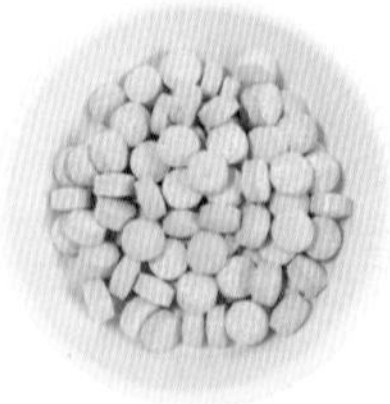

促进开花与结果肥料
（含磷、钾较多）

缓释肥料
（复合肥）
※ 两个月内有效

有机肥料（鸡粪）小颗
（含磷较多）

标准肥料
（复合肥）
※ 置肥用

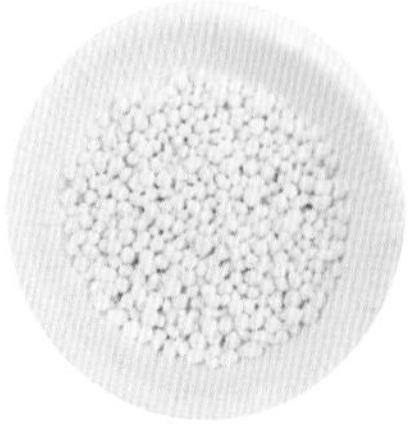

观花与观果盆景肥料
（含磷、钾较多）
※ 挖出小坑将肥料埋入土中

4.防治病虫害

在合适的环境（日照、通风等）条件下，可以培育出健康的盆景，但必须做好病虫害防治工作。

病虫害防治并不是等发现了病虫害才匆忙处置，日常消毒预防也非常重要。其做法是将石灰硫黄合剂稀释 30 倍，在冬季（12 月至次年 3 月）定期（约每月 1 次）消毒。施撒药剂时一定要严格控制用量。

施撒药剂，最合适的时间和天气，也会因季节而有所不同。

一般在早晨到傍晚期间温度较低、风较小的时候，将药剂均匀撒在叶片的表面和背面。要避免强风、天晴时施撒。

冬季要在晴天，将药剂撒于叶片、枝条和树干。施撒后，关键要有充足的阳光，让药剂干燥。

◆果树根癌病的防治
（例：贴梗海棠）

观花与观果（如蔷薇科）盆景，容易患果树根癌病。

移栽时要注意消毒，防患于未然。

发现患有果树根癌病后，要立即切除病根烧掉，以防传染。

1 将整个树木浸入杀菌剂中，静置 1 ~ 2 小时后，沥干水分，移栽到盆器中。

杀菌剂：水桶（容器 10 升）内，装水到七八分满，放入约两瓶盖的杀菌剂（农用硫酸链霉素）。

2 接着将整个盆景浸入杀菌剂中，静置 1~2 小时后，沥干水分。

第2章 盆景的基础管理与养护方法

移栽准备

在移栽盆景前，要将树木从旧盆中取出。一般用的是陶盆，但有的幼苗用简易塑料盆。

从旧盆中取出（例：山茶花）

1 缠绕金属丝的盆底。

2 用钳子将粗金属丝的中间剪断。

3 将粗金属丝往外掰开，用钳子剪断。另一侧金属丝也剪断。

4 粗金属丝被剪断。

5 将两根细金属丝用钳子挑起。

6 用根钩疏松盆边的土。

7

用手指抓住树木根部，从盆中取出。

8

用根钩将固定用的金属丝挑起。

9

用钳子夹出金属丝。

从塑料盆中取出

（例：鱼鳞云杉）

1

将塑料盆的上部，连同根部一起用剪刀剪掉。

要诀

使用塑料盆时，要深栽树木，让树木更稳定。将小根须的上部剪掉，这样能露出根基，但注意不要伤及根基！

2

用剪刀修剪完毕。

3

从塑料盆中取出。

移栽

（例：山莺藤）

移栽虽然也会因树而异，但一般来说，每 1~2 年都要移栽一次。移栽时，都要修剪根系，才能维持树木的大小。

1. 减少根系

用修根剪修剪根系时，要认真观察根系的状态，酌情改变修剪方法。另外，像山莺藤这种植物，先不要用剪刀修剪根系，要先将根系疏松开来。在第 3 章中，每种树木都配有修剪步骤图片，一目了然，通俗易懂。

根系狭长时

（例：梅花）

用修根剪将较长的根系剪短。

（例：山莺藤）

用根钩将根系从上到下疏松开。

根系旺盛时

（例：山楂）

用修根剪将根系纵向剪开，这样更容易疏松根系。

根系稀疏时

（例：西南卫矛）

用修根剪横向剪开。

小贴士

缠绕金属丝后移栽

如果想要缠绕金属丝，一定要在移栽前操作。移栽后再缠绕金属丝的话，会晃动根部，从而增加树木的负担。

另外，刚移栽后的树木不够稳定，也难以缠绕金属丝。

2.准备盆器

1 制作固定盆底网的金属丝线卡。

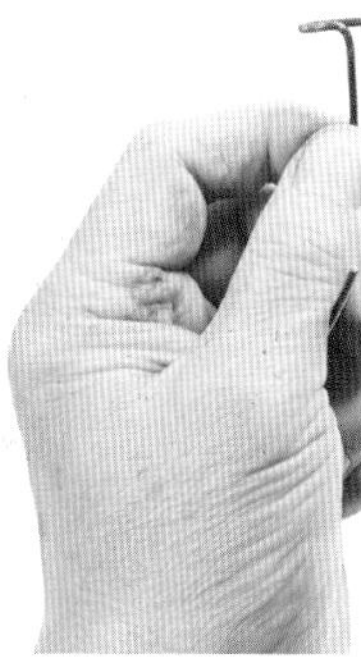

参考下方小贴士

2 将盆底网铺在孔洞上。

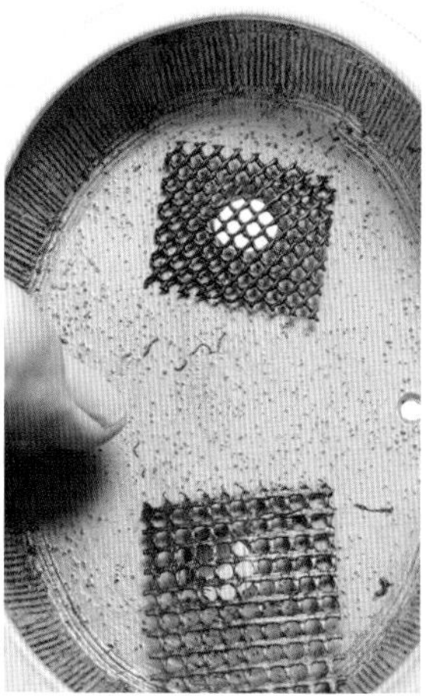

3 将前述的金属丝线卡从盆内向外穿过孔洞，再将金属丝线卡的两脚折扣盆底并回拧成圆圈（图片上的孔洞处），让盆底网贴牢盆底。另一个孔洞也同样做好。

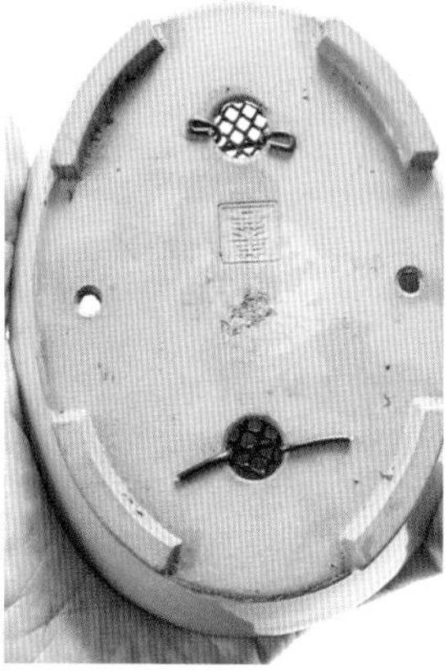

4 将固定树木的长金属丝，从盆底的两个孔洞穿过。

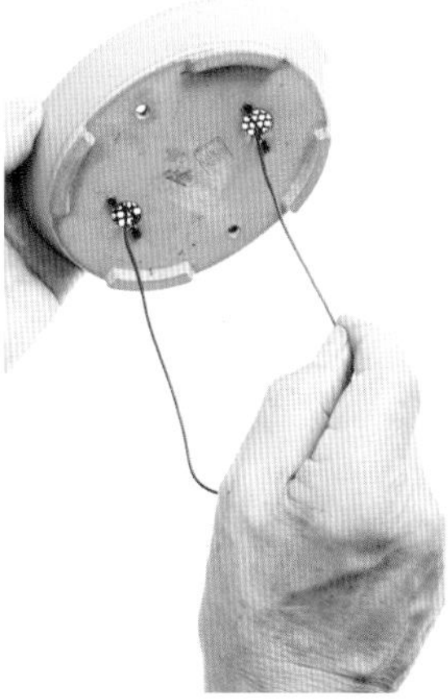

5 让长金属丝紧贴盆底。

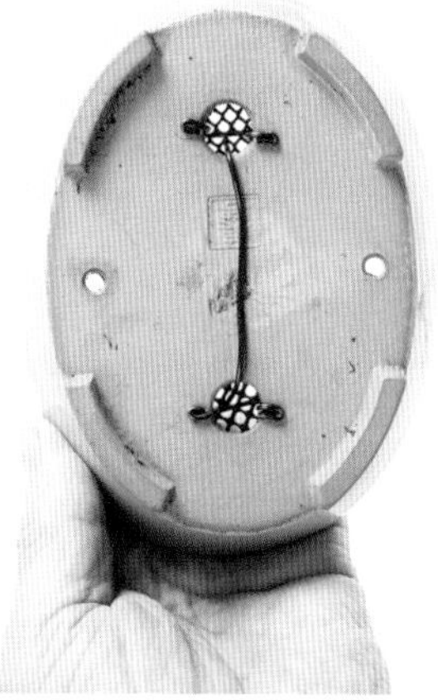

6 将盆器放好，并将长金属丝略微往两侧折。

小贴士

固定盆底网的金属丝的做法

虽然起初觉得有些困难，但是习惯了之后，做起来就比较容易。

1 用钳子将金属丝拧弯回折，做成一个圆圈。

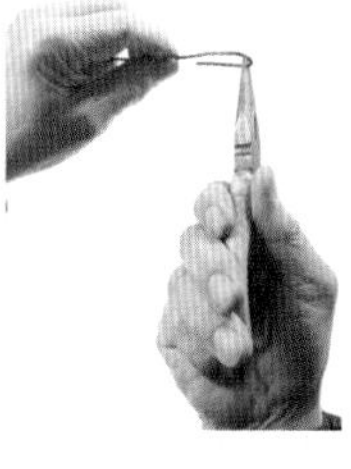

2 将较短的金属丝折成直角。

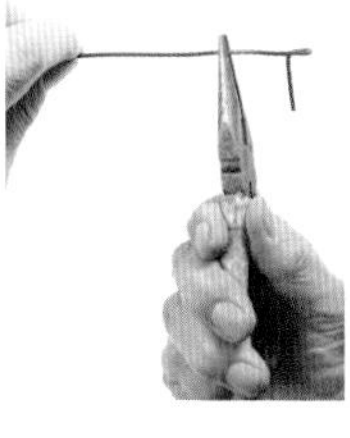

3 另一侧金属丝也同样做好。

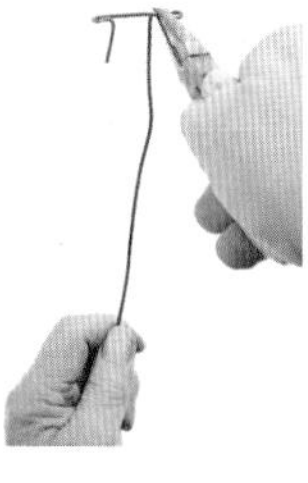

4 用钳子将左右两根金属丝剪成一样长。

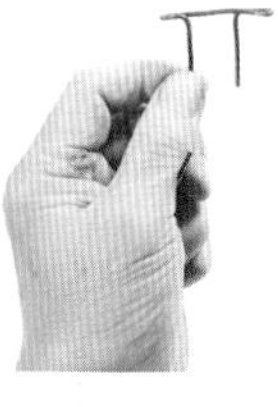

3.栽于盆中

1

用取土铲将盆土铲入盆内。

※盆土：7份赤玉土（中粒）、3份河沙混合。

2

将树木放入盆内，用取土铲铲入盆土。

3

用钳子将金属丝两端拧在一起，固定树木。

4

用取土铲铲入盆土。再用镊子轻插盆土，捣实盆土之间的缝隙。

> **要诀**
> 步骤1中的赤玉土和步骤4的并不太一样。为了便于排水，靠近盆底处，选用颗粒较大的赤玉土。

> **要诀**
> 虽然也可以使用竹炭土，但
> 层的土不能放入竹炭，否
> 浸入水桶后，竹炭会浮在
> 面上。

※盆土：7份赤玉土（小粒）、3份河沙
混合。

5

移栽后，用喷壶浇水，沥干水分。

小贴士

从盆底吸收水分

刚移栽完的盆景，可以浸泡于水桶中，从盆底吸收水分。这样做可以让盆土充分吸收水分。

树木的简易固定方法（例：落霜红）

盆器较小，而且只有一个孔洞时，可以用这种简易方法固定树木。

1 准备盆器，然后倒入盆土，放入树木。

盆底网和固定用金属丝

2 用钳子将金属丝的端头剪尖。

3 将金属丝穿入盆底的孔洞。

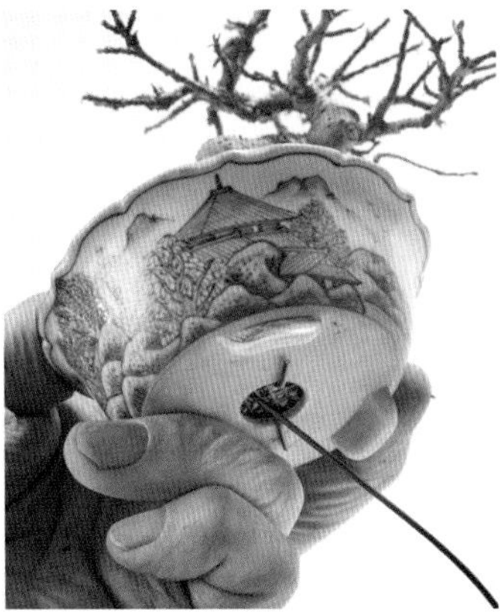

4 用钳子夹住金属丝尖端，将其拉出盆面。

5 用钳子将金属丝顶部拧成⊂字形，并扣住树木的根。

6 将金属丝向盆底拉到底，折扣在盆底，以固定树木。用钳子剪掉多余的金属丝。树木的另一侧也用同样方法做好。

铺种苔藓

（例：矮扁柏）

小型盆景容易缺水干燥，所以要铺种苔藓保持水分。此举还能美化外观，提高观赏价值。

铺种苔藓

1 用剪刀尖将苔藓的顶部剪得又小又薄。

要诀
选择苔藓时，要选择能适应盆景环境、不惧阳光的苔藓。

要诀
如果苔藓过大过厚，可能在铺种之后会翘起。

2 用剪刀尖将苔藓移到盆中，铺在盆土上。

3 用手指轻轻按压苔藓，使其固定。

要诀
让苔藓均匀地铺在盆内，不可叠在一起。

4 用喷壶给苔藓和盆器浇水。

要诀
用喷壶浇水，可使苔藓与盆景更好地融为一体，也能清除盆器上的杂质。

撒种苔藓（例：石榴→榉树）

将修剪下来的苔藓撒种在土上，就能长出新的苔藓。
苔藓的生长旺季一般在6月。

1 用修枝剪将石榴树下长大的苔藓剪下。

2 剪下来的苔藓，可以撒种在榉树下。

3 用镊子将苔藓夹起，铺在盆土上。

4 用镊子和手指将苔藓轻轻压平。

5 撒种上苔藓，注意避开根盘。

要诀

避开榉树的根盘，是为了能展示它的根。如果是其他树木，可以用苔藓铺满。

小贴士

撒种苔藓后要多加呵护，以免被风吹走

撒种苔藓，是指将剪下来的苔藓撒种在盆土表面。

撒种完苔藓后，盆景若直接放在室外，苔藓有可能会被风吹走。

最好是把盆景放在较为潮湿的地方。

盆土的覆盖方法

覆盖苔藓或水苔，可以让盆土不被风吹散，让几架不被弄脏。进入梅雨季节，春天栽种的盆景已经长根，可以将水苔或遮盖网撤下，铺种上苔藓。

使用苔藓的盆景

盆土表面铺种上苔藓，不仅可以保持土壤湿润，还能让盆景更加赏心悦目。

铺种苔藓 →第38页
（例:矮扁柏）

撒种苔藓 →第39页
（例：榉树）

使用水苔的盆景

水苔之上铺种一层苔藓，更为保险。果再在水苔之上铺上遮盖网的话，即遇到大雨大风，也不用担心盆土会被吹散。

将水苔拧成绳状铺上 →第208页
（例：木瓜）

先铺上水苔，再铺上苔藓 →第137页
（例：紫茎）

水苔之上盖网 →第224页
（例：窄叶火棘）

蟠扎
（例：山茶花）

蟠扎要从下枝开始。根据枝条的粗细，选择粗细适宜的金属丝。蟠扎时要将金属丝缠绕到枝条末端。

1 将金属丝的中部靠在要缠绕的枝条边。

2 金属丝缠绕至第二根要缠绕的枝条（面前的枝条），用金属丝固定住。

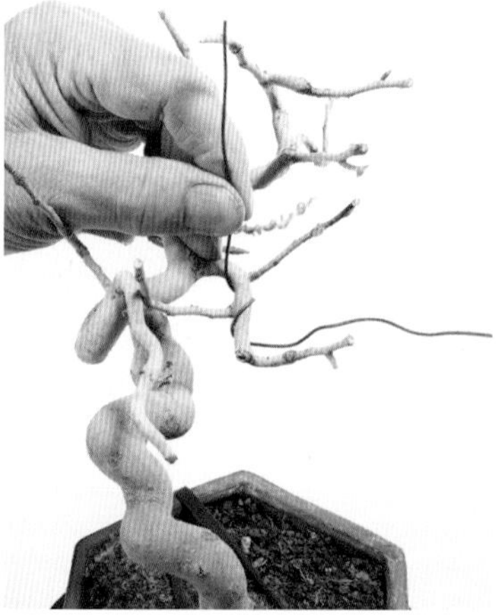

3 用金属丝缠绕第一根要缠绕的枝条（里面的枝条）。

4 金属丝要缠绕到枝条末端，并用钳子剪掉多余的金属丝。

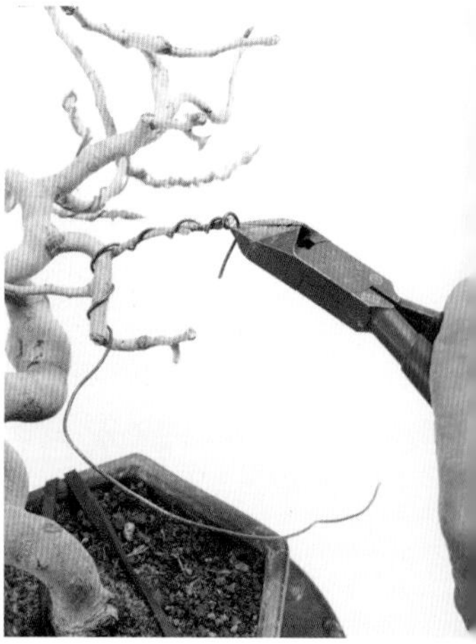

5 然后用金属丝缠绕第二根要缠绕的枝条，也用钳子剪掉多余的金属丝。

6 完成两根枝条蟠扎操作。

蟠扎问答

问：如何选定金属丝的粗度？

答：树木粗细不同，要选择相应粗细的金属丝。起初大多培育小树，最好准备径粗1～2毫米的金属丝。

问：缠绕金属丝时间隔是多少为好？

答：如果缠得太细密，看起来不美观；而缠得太稀疏，又达不到整枝的效果。间隔多少并没有通用的标准，但关键一定要间隔一致。

问：何时拆除金属丝？

答：盆景经蟠扎姿态固定后，就可以拆除金属丝了。但在这之前，要一直缠绕着金属丝。不过，如果要展示盆景，则最好将金属丝拆掉。

问：如何选择金属丝种类？

答：蟠扎时主要使用铜丝和铝丝两种。铜丝质地较硬，操作难度较大，但因为它是茶褐色的，所以并不明显。而铝丝质地柔软，便于操作，但是颜色较为明显。

问：怎样拆除金属丝？

答：用剪刀将金属丝剪断就可以了。可从上部枝条的末端开始一点点剪断拆除。如果金属丝嵌入枝条，可以将金属丝向外拧一圈后再剪断。

要诀

拆除新买盆景的金属丝时，可以边拆除金属丝，边学习其蟠扎的方法。

盆景的养护

完成移栽和蟠扎后，就要随着季节的变换对盆景采取相应的养护措施。可边观察树木的状态，边酌情操作。

摘芽

用镊子将新芽的尖端摘下。

枫树

切芽

用修枝剪将长大的芽剪掉。

木瓜

修叶

用修叶剪将叶片剪掉。

窄叶火棘

要诀

摘叶有3个作用：①让红叶、黄叶更光鲜亮丽。②一年内就可以长出两年生的小枝条。③盆景几近完成，也能改善日照和通风条件。

摘叶

用修枝剪将下部的叶子剪掉，让树干周围变得清爽。

黑松

修剪（操作前）

用修枝剪剪掉妨碍树形的乱枝、忌枝（详见下一页）。

修剪（操作后）

修剪完毕后，接近理想的树形。

红豆杉

卫矛

小贴士

各种授粉方法

1 蚂蚁会把花粉搬运到雌花的花蜜。
2 也可以如图所示，手拿雄木和雌木的盆器，直接进行授粉。
3 只需将雄木和雌木放在一起，通过风来传播花粉，使其自然授粉。

修剪时，剪掉忌枝

1 徒长枝

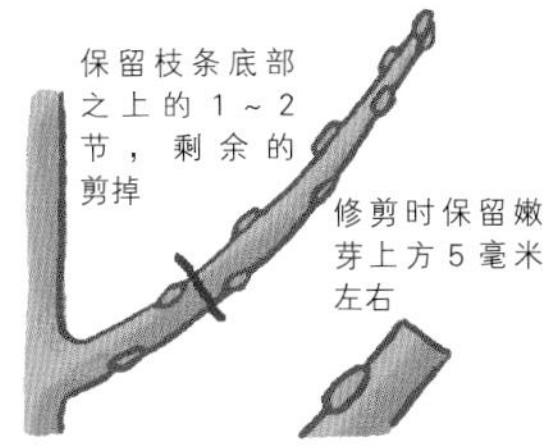
保留枝条底部之上的 1～2 节，剩余的剪掉
修剪时保留嫩芽上方 5 毫米左右

2 立枝

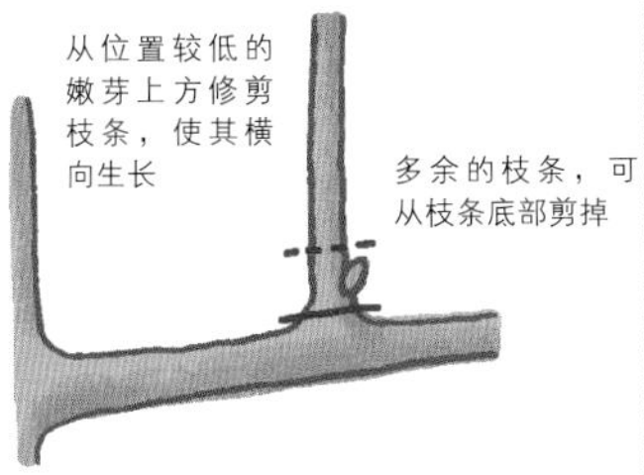
从位置较低的嫩芽上方修剪枝条，使其横向生长
多余的枝条，可从枝条底部剪掉

3 落枝

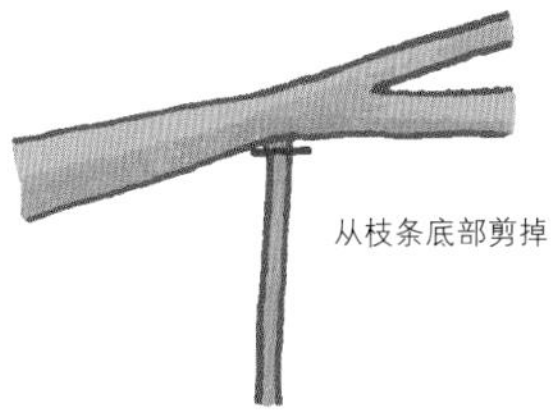
从枝条底部剪掉

4 平行枝

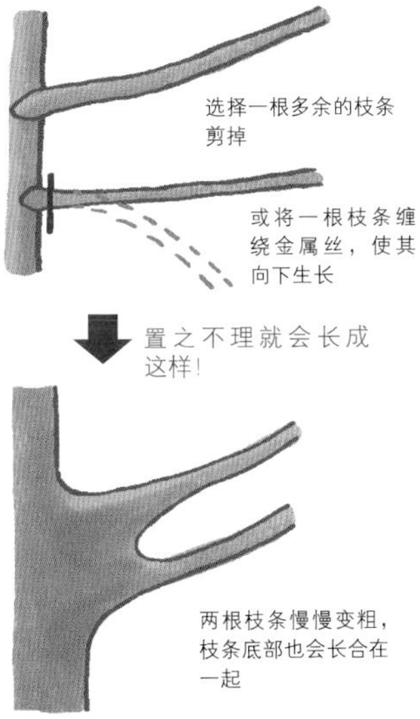
选择一根多余的枝条剪掉
或将一根枝条缠绕金属丝，使其向下生长
置之不理就会长成这样！
两根枝条慢慢变粗，枝条底部也会长合在一起

5 闩枝

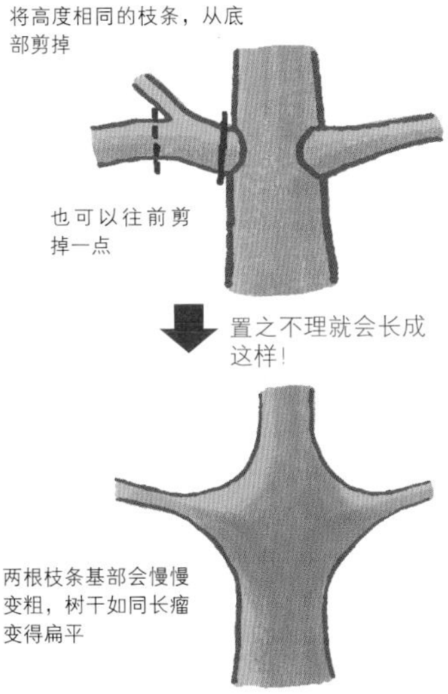
将高度相同的枝条，从底部剪掉
也可以往前剪掉一点
置之不理就会长成这样！
两根枝条基部会慢慢变粗，树干如同长瘤变得扁平

6 车轮枝

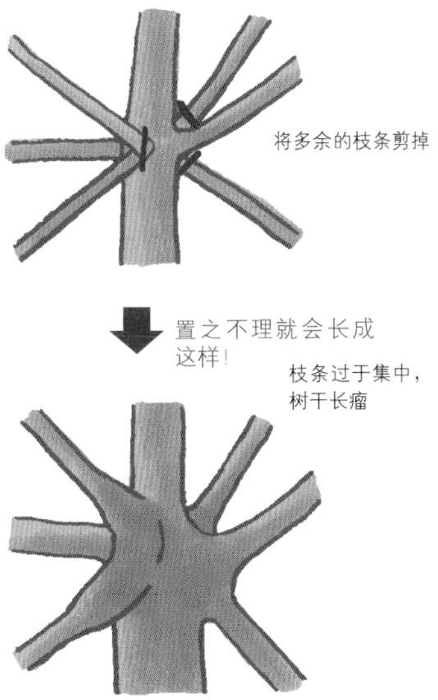
将多余的枝条剪掉
置之不理就会长成这样！
枝条过于集中，树干长瘤

7 交叉枝

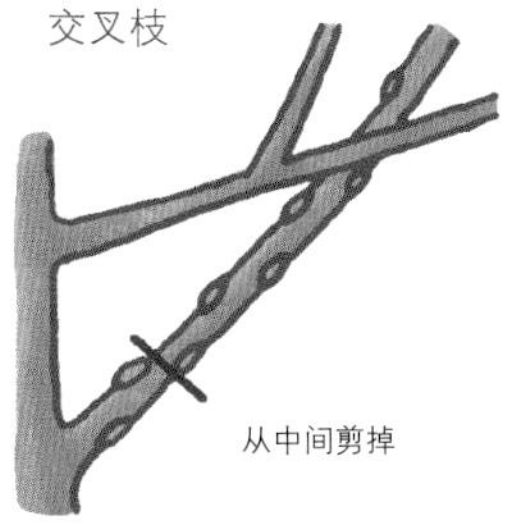
从中间剪掉

8 重叠枝

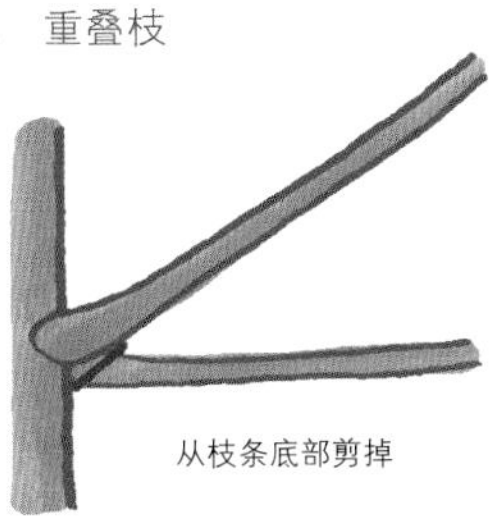
从枝条底部剪掉

9 逆枝

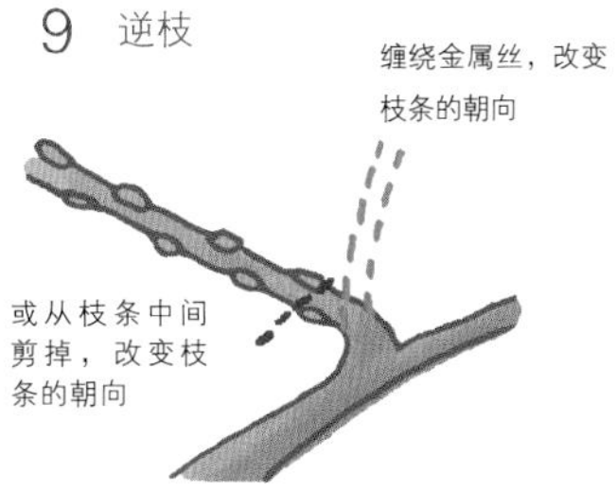
缠绕金属丝，改变枝条的朝向
或从枝条中间剪掉，改变枝条的朝向

10 粗枝

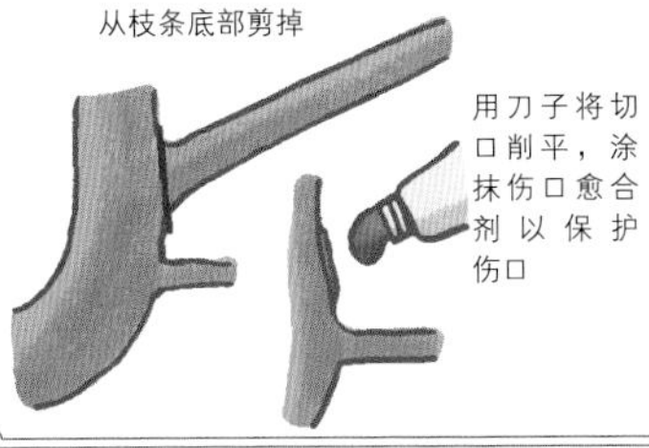
从枝条底部剪掉
用刀子将切口削平，涂抹伤口愈合剂以保护伤口

11 腹枝

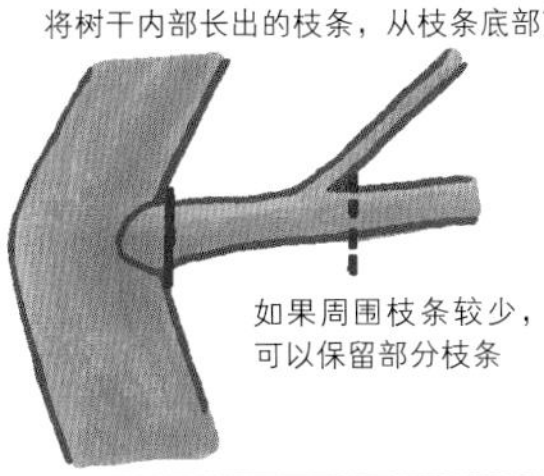
将树干内部长出的枝条，从枝条底部剪掉
如果周围枝条较少，可以保留部分枝条

12 蛙腿枝

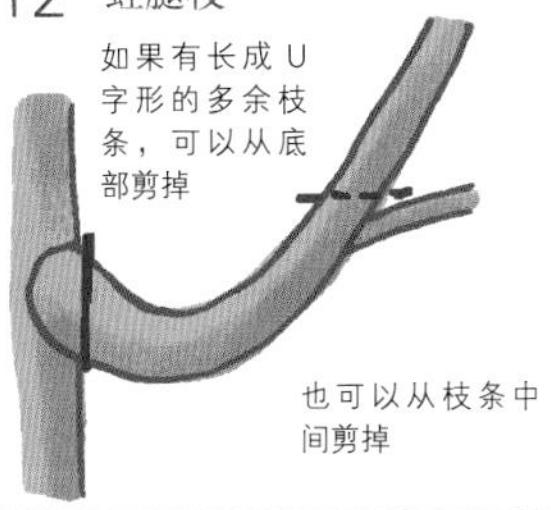
如果有长成 U 字形的多余枝条，可以从底部剪掉
也可以从枝条中间剪掉

修剪神枝与舍利干

（例：圆柏）

削除树干或枝条，打造出历经风雪仍傲然耸立的苍劲古木。掌握了诀窍，初学者也能做到。一般用于圆柏或杜松。

修剪神枝

1 用修枝剪剪掉多余的枝条。

2 用刀子（手术刀或嫁接刀）削去枝条的表皮。

3 枝条的表皮已被削去。

4 将剥去表皮的枝条，用剪枝剪夹住撕断，形成树枝自然折断的效果。

5 神枝修剪完毕。

修剪舍利干

1 用刨刀削去树干的表皮，修剪舍利干。

要

注意要保留褐色
（存活状态），
树木容易枯死。

2 用砂轮打磨削好的树干。

3 舍利干修剪完毕。

神枝、舍利干的保养

1 修剪好神枝或舍利干1个月后，将石灰硫黄合剂稀释2倍液，用笔涂抹在神枝或舍利干上。

要诀
可以让神枝或舍利干颜色更白。

2 3~4个月后，将石灰硫黄合剂稀释2倍液，薄薄地涂抹在树干上，静置1天。

要诀
几个月后，神枝或舍利干会沾染苔藓而显得肮脏，此时可用刷子洗净后晾干，再涂抹一遍石灰硫黄合剂。一年涂抹约两次。

使用松脂保护神枝、舍利干老旧部分

被削去表皮的神枝、舍利干，一旦变老后其表面的树脂就开始流失。

用刷子在神枝、舍利干上刷上松脂，可避免水分蒸发，也有防腐的作用。涂抹时不要直接涂抹松脂，而要将其加入无水酒精稀释后再用，这样松脂更容易渗入树木中。

保护的是树干的老旧部分（颜色较深处）

要诀
新生部分即使保护了作用也不大。

1 将松香放入无水酒精（透明的液体）中溶解。

2 使用注射器或笔，将松香溶液均匀地涂抹在舍利干上。

要诀
注射器或笔用完后，要放入酒精中浸泡，让松脂溶解后再存放。

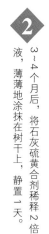

繁殖盆景

这里介绍分株、扦插、压条、嫁接等基础繁殖方法。从播种开始培育，需要漫长时间，所以并不建议初学者操作。

分株

扦插

压条

嫁接

购买小树盆景，花费时间和精力去培育，会慢慢融入自己的感情，做出独一无二的盆景。如此用心培育的盆景，即使修剪一根枝条，都觉得扔掉非常可惜。

因此，可以将修剪下来的枝条进行扦插，繁殖出多盆盆景。另外，如果根系布满盆内，也可以进行分株，能将一盆繁殖成两盆。

树干太高，或树形不美观，可进行压条，让树干变矮，或培育出焕然一新的树形。

还有，如果希望从树根底部长出枝条，可以进行嫁接，就能长出新的枝条。

盆景是有灵气的。要想塑造出理想的树形，那就要慢慢地培育出新的植株和枝条。

分株（例：山绣球）

6月中旬 ● 将1株分为2株。

1 从盆器中取出。

2 用根钩将根系从上往下疏松。

3 根系疏松完毕。

4 用修根剪将根系对半剪开。

5 用手将根系左右拉开，分成两份。

6 将其中的一份树木栽入新的盆器中。

扦插（例：小叶络石）

4月下旬 ● 修剪母树时，剪下扦插用的枝条，放入土或水中培养。

母树

1 用修枝剪将多余的枝条剪掉。

2 将剪下的枝条用来扦插。用嫁接刀将切口削平。

要诀

如用剪刀剪，会破坏树干的纤维，所以一定要使用锋利的刀子修平。

要诀

修剪较粗的树干时，可以涂抹伤口愈合剂来保护伤口。

子树

3 从母树剪下扦插用的枝条。

4 培养盆内倒入盆土，然后用镊子逐一将扦插枝条插入土中。

※赤玉土（中粒）

5 扦插枝条全部栽入盆土中。

小贴士

栽植后的管理

培养盆放在盛满水的底盘上，可以提高树木的成活率。然后将它们放入用塑料薄膜围好的箱子里，放在半阴处养护。

树木生根需要2～3个月的时间。等树枝长出新芽后，就可以进行移栽了。

子树（1年后）

6 1年后，将扦插枝条从培养盆中取出，清洗干净。

※ 为了方便看清楚，这是用水洗净后拍摄的图片。

9 准备盆器栽种。
※ 赤玉土（中粒）

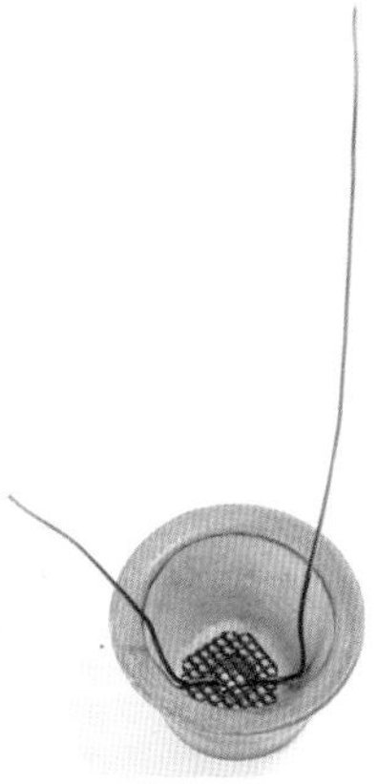

7 用修枝剪将上方的根系从根基剪掉。

10 如果根系不够健壮，可以用金属丝固定。

8 多余的根系剪后形态。

11 将扦插枝条栽入盆土中。

压条（例：樱花）

3月下旬 ● 樱花凋落、新芽萌出之时最为适宜。

1 用扎带固定树干，选择压条的位置。

2 将锯靠在树干上，在上下两个地方，绕着表皮划一圈。

3 用钢丝钳削去树干表皮。

4 剥去树皮后的状态。

5 为了易于生根，用锯将上部的位置再略微割深一些。

6 用笔将生根剂涂抹在上部。

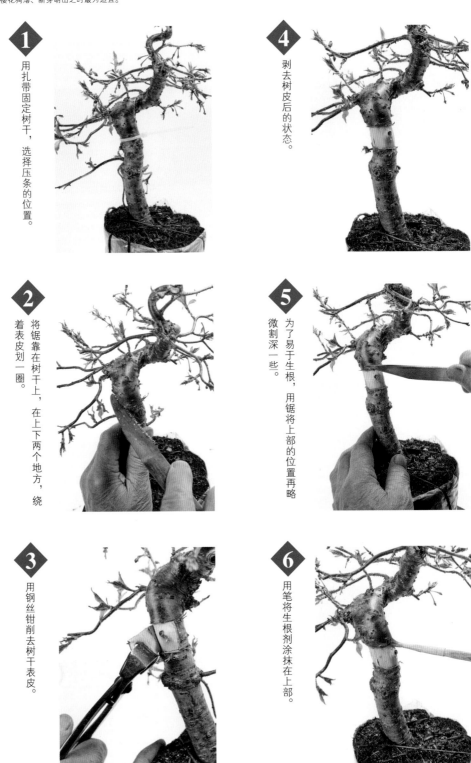

7 将水苔放入水中浸泡后拧干，用修根剪剪成约1厘米长。

8 将水苔平铺在摊开的塑料布上，覆盖住切口部位。

要诀

将水苔剪小一点，是为了生根后使其不会与根系缠在一起。

9 将切口部位包起来，时间一周左右。

10 用金属丝从上往下缠紧。

11 6月中旬已初见雏形。

小贴士

压条后的管理

压条后，将盆放在半阴处养护，并充分浇水，也要从水苔上部倒入大量的水。

进入6月，从塑料布上方就能看到根。

包裹的塑料布可以裹到第二年春天，直到根系变得健壮。根系变得健壮后，就可以用锯将树干从根系下方锯下，撕下塑料布后栽入盆土中。

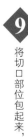

嫁接（例：鸡爪槭）

6月下旬 ● 想要调整枝条的位置时，可以移栽其他枝条。

1

树形不够美观，所以将右边的枝条嫁接成第一枝条。

要诀

在盆景界，按照从盆口往上的顺序，将枝条称为第一枝条、第二枝条、第三枝条……

2

想要在这个位置（镊子尖端所指）长出枝条。

3

将嫁接的枝条（上图虚线框中的枝条）缠绕金属丝。

4

将枝条弯到想要嫁接的位置。

要诀

宜将嫁接的枝条绕到树干后方，因为从前方绕过，会露出伤痕。

5

用手术刀削去嫁接枝条的表皮。

6

用手术刀划开树干表皮。

要诀

树干上划出的伤口正好镶入嫁接枝条。

7

包扎好嫁接胶带，让两边的伤口紧密贴合。

10

每个枝条都缠绕上金属丝。

8

缠上剩余的金属丝，轻轻按压。

11

第一枝条嫁接完成。

9

用钳子剪下多余的金属丝。

小贴士

撤下金属丝和嫁接胶带的时间

嫁接部分完全愈合，大概需要2～3个月的时间。

虽说每种树木都可以嫁接，但是松柏类愈合可能需要2～3年。

挑选盆景的要点

专栏 2

和挑选普通植物一样，挑选盆景时，首先要考虑的就是健康。不论树形多么惊艳夺目，只要树木孱弱、生病，或开始枯萎，就不能选择。因为盆景栽培多年，要细心养护，会注入自己的感情，所以要和挑选伴侣一样，谨慎再谨慎都不为过。

话虽如此，但对初学者来说，判断盆景健康与否十分困难。对此，可以积极主动地请教商家，让对方解释到自己明白为止。比如叶子枯萎、树皮脱落等问题，也可能只是自然现象，和生病没有关系。

因此，可以观察小树。初学者对要打造出怎样的盆景可能并没有太多的想法，那就先挑选健康的盆景，然后根据自己的灵感，从中选择出觉得不错的盆景放在身边，也许就能长久相伴了。

第3章
常见树木盆景制作方法

盆景的介绍
介绍盆景的分布地、原产地，以及观赏要点、培育难易等。

盆景的观赏
介绍可资范例的盆景。陈设在桌案或底板上。

树木的名字
用英文和汉字表示。
※本书优先介绍的是拉丁学名。

资料
介绍别名、科、属、适宜于制作盆景的树形等。

红圈
将需要特别注意的部分，用红圈标注。

步骤图解
每步操作，均配有图解照片。只要如图制作，即使初学者也能做出惊艳的盆景。

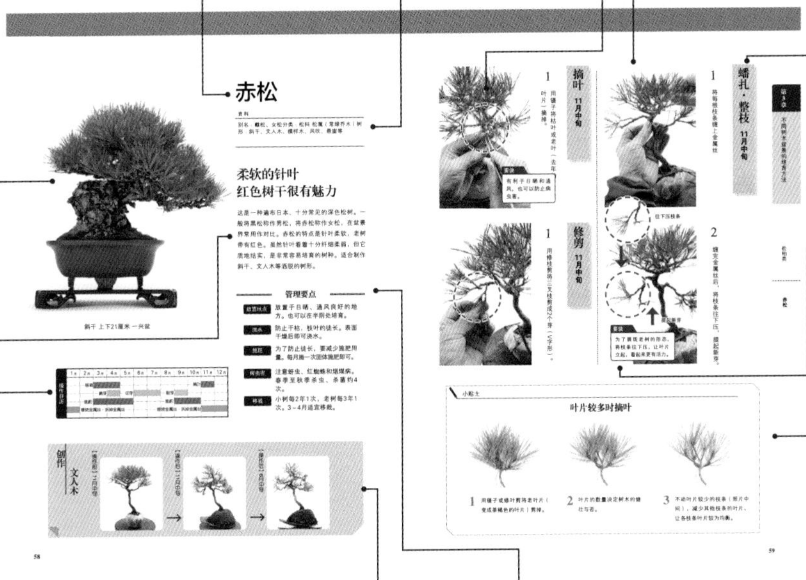

步骤名称和时间节点
标注进行操作的时间节点。

要诀
介绍实际操作之外的资讯和知识。

小贴士
进一步通俗地解释技巧、知识和资讯。

操作日历
具体介绍一整年内适合培育盆景的日期。

操作前和操作后的变化
盆景是如何创作的，每一步变化都一目了然。

管理要点
介绍放置地点、浇水等培育盆景必需的最基础的知识。

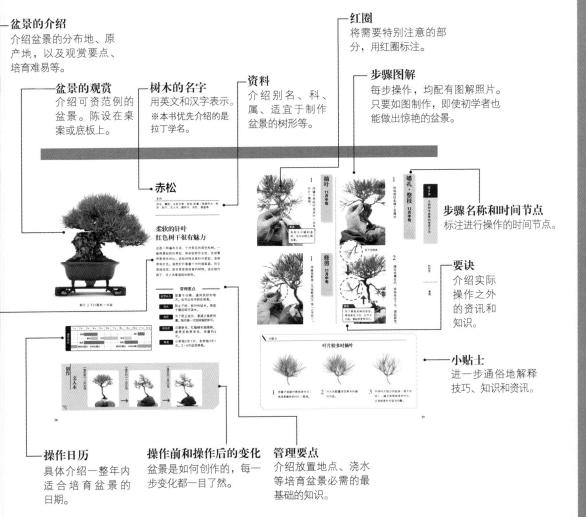

赤松

资料

别名：雌松、女松
分类：松科松属（常绿乔木）
树形：斜干、文人木、模样木、风吹、悬崖等

斜干　高21厘米　一兴盆

柔软的针叶 红色树干很有魅力

这是一种遍布日本、十分常见的深色松树。一般将黑松称作男松，将赤松称作女松，在盆景界常用作对比。赤松的特点是针叶柔软，老树带有红色。虽然针叶看着十分纤细柔弱，但它质地结实，是非常容易培育的树种。适合制作斜干、文人木等洒脱的树形。

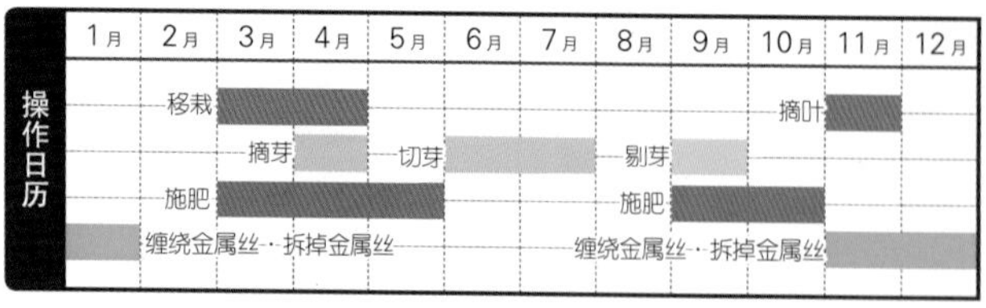

管理要点

放置地点 放置于日晒、通风良好的地方。也可以在半阴处培育。

浇水 防止干枯，枝叶的徒长。盆表干燥后即可浇水。

施肥 为了防止徒长，要减少施肥用量。每月施一次固体施肥即可。

病虫害 注意蚜虫、红蜘蛛和烟煤病。春季至秋季杀虫、杀菌约4次。

移栽 小树每2年1次，老树每3年1次。3～4月适宜移栽。

创作 文人木

【操作前】11月中旬

【操作后】11月中旬

【操作后】第二年6月中旬

蟠扎·整枝 11月中旬

1 将每根枝条缠上金属丝。

2 缠完金属丝后，将枝条往下压，提起新芽。

要诀
为了展现老树的形态，将枝条往下压，让叶片立起，看起来更有活力。

摘叶 11月中旬

用镊子将枯叶或老叶（去年的叶片）摘掉。

要诀
有利于日晒和通风，也可以防止病虫害。

修剪 11月中旬

用修枝剪将三叉枝剪成2个芽（V字形）。

小贴士

叶片较多时摘叶

1 用镊子或修叶剪将老叶片（变成茶褐色的叶片）剪掉。

2 叶片的数量决定树木的健壮与否。

3 不动叶片较少的枝条（照片中间），减少其他枝条的叶片，让各枝条叶片较为均衡。

换盆

11月中旬

1 用根钩将根系从上往下疏松。

要诀

松树含有松脂，所以其根系坚硬如石。

要诀

3～4 月适合移栽，而换盆基本不伤根系，所以此时可以换盆。

2 用修根剪将长根剪掉。

3 将树木放在人造马鞍石上，再把攒成团的泥炭土堆在根系周围。

※泥炭土的做法见第17页。

修剪

11月中旬

用修枝剪将叶片修剪成2/3大小。

小贴士

去除叶鞘

用镊子将叶鞘（芽根部像鳞片一样的部分）去除，让枝条表面变得干净。这样也可以防止黏附杂质和真菌。

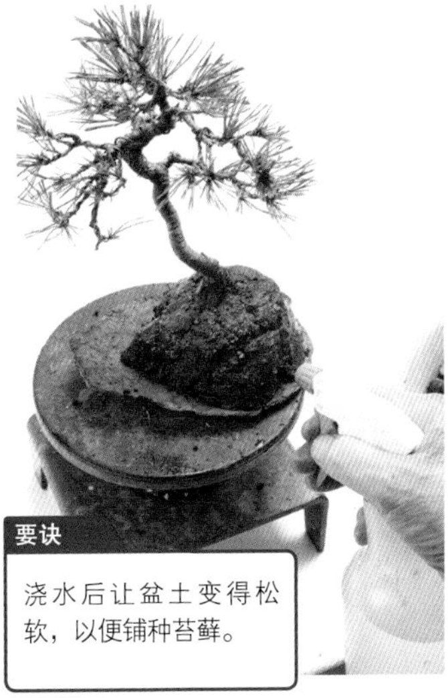

4 用喷雾洒水。

要诀

浇水后让盆土变得松软，以便铺种苔藓。

5 换盆后，铺满苔藓。

切芽

6月中旬

1 新芽萌发。

2 用修枝剪将新芽从根部剪掉。

要诀

切芽的时间越晚，新长出的芽长就越短。反之，切芽太早，新出的芽太长，也很麻烦。

3 完成切芽。

小贴士

松树独特的修剪法短叶法

摘芽：4 月用手指将伸展的新芽的尖端摘下。

切芽：6~7 月从根部取下新芽，激发第二次萌芽。

剔芽：9 月中旬，将切芽后长出的二次芽保留 2 个芽，将剩余的芽去掉。

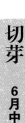

红豆杉

资料

别名：一位、赤柏松、水松
分类：红豆杉科红豆杉属（常绿乔木）
树形：直干、斜干、模样木、分干等

分干　高17厘米　附石

叶片光鲜茂密 树形容易创作

红豆杉遍布日本，其树木粗壮，树干坚实，不易腐蚀，是常用木材，因此被称为“一位”。红豆杉芽繁叶密，可以随心所欲地创作出喜欢的树形。适宜在半阴、荫蔽处生长，这在松柏中非常少见。也可以修剪出神枝或舍利干。

管理要点

放置地点 半阴至荫蔽处。夏季避免日光直晒，放于通风良好的地方。

浇水 喜欢水分，也称为水松。注意不要过于缺水。

施肥 为了保持叶片光鲜亮丽，要多施肥。可每月施1次固体肥料。

病虫害 注意介壳虫、卷蛾和真菌。

移栽 小树每2年1次，老树每3年1次。3~4月适宜移栽。

操作日历	1月	2月	3月	4月	5月	6月	7月	8月	9月	10月	11月	12月
移栽·扦插			移栽·扦插	移栽·扦插								
摘芽				摘芽	摘芽	摘芽	摘芽	摘芽	摘芽			
施肥				施肥	施肥	施肥			施肥	施肥		
缠绕金属丝·拆掉金属丝	缠绕金属丝·拆掉金属丝	缠绕金属丝·拆掉金属丝	缠绕金属丝·拆掉金属丝	缠绕金属丝·拆掉金属丝								缠绕金属丝·拆掉金属丝

创作　半悬崖

【操作前】4月下旬

→

【操作后】4月下旬

修剪 4月下旬

1 用叉枝剪将粗枝剪掉。

要诀

粗枝太直，缠上金属丝也无法弯曲，只好把它剪掉，保留便于调整树形的枝条。

2 将一根粗枝剪掉。

要诀

切口无需涂抹伤口愈合剂。伤口变旧后，可以修剪成舍利干。

3 将所有的粗枝剪掉。

4 用修枝剪修剪长枝。

5 修剪长枝完毕。

蟠扎·整枝 4月下旬

1 每根枝条缠上金属丝，予以整枝。

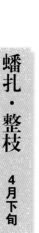

2

完成蟠扎、整枝。

移栽

4月下旬

1

用修根剪将根系纵向剪开。

2

用根钩将根系从上到下疏松。

3

用修根剪将长根剪掉。

4

完成根系修剪。

5

准备盆器和盆土。

※盆土：8份赤玉土（中粒）、2份河沙混合。

6 用钳子将金属丝两端绕过树木拧到一起，以固定树木。将金属丝缠绕头藏在里侧。

7 用取土铲将土铲入盆中。

※盆土：8份赤玉土（小粒）、2份河沙混合。

8 移栽后，铺种苔藓。

摘芽 6月上旬

1 左手捏住芽的底部，用镊子将芽摘掉。

2 用镊子将老旧的叶片（颜色泛黑的叶片）摘掉。

要诀

4～9月期间，要重复摘芽。

鱼鳞云杉

资料

别名：赤蝦夷松（色丹松）
分类：松科云杉属（常绿乔木）
树形：直干、斜干、模样木、附石等

斜干　高16厘米　附石

用一株树木
展现日本北方森林风情

鱼鳞云杉生长在北海道等寒冷的北方，在那里购买这种叶片非常密集的扦插木非常方便。春季萌发鲜绿的新芽，十分赏心悦目。将其做成附石盆景，更能让人感受到大自然的魅力。鱼鳞云杉树干容易枯干，有老树的感觉，可以修剪成舍利干。

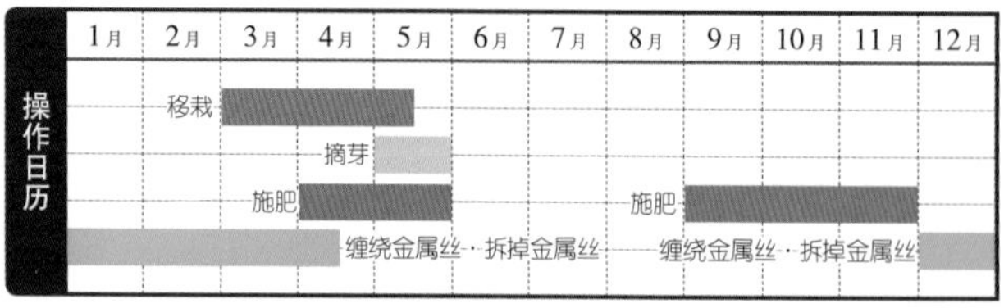

管理要点

放置地点 放于日照、通风良好的地点。夏季也可以放在半阴处。冬季可搬到屋檐下。

浇水 不喜欢干燥，所以要多浇水。夏季要注意可能缺水，需要给叶面喷水。

施肥 每月施1次固体肥料。

病虫害 注意红蜘蛛。给叶面喷水可以预防。

移栽 小树每2年1次，老树每3年1次。3月至5月中旬适宜移栽。

栽植　平石上

【操作前】4月中旬

→

【操作后】5月中旬

移栽准备 4月中旬

1 用修根剪将塑料盆上部连着根系一起剪掉。

要诀

树苗栽入塑料盆时，要深栽并用力按压，才能让树木固定。

2 完成塑料盆和根系的修剪。

要诀

让根系露出，再考虑树形。

修剪 4月中旬

用修枝剪剪掉部分过于茂密的枝条。

要诀

修剪枝条后，叶片会变得茂密，且叶小芽多。

蟠扎·整枝 4月中旬

1 每根枝条都缠上金属丝，予以整枝。

2 完成蟠扎、整枝。

摘芽 5月中旬

1 新芽萌出。

2

用镊子摘掉朝下生长的芽。

移栽

5月中旬

1

将塑料盆取下。

2

准备盆器。

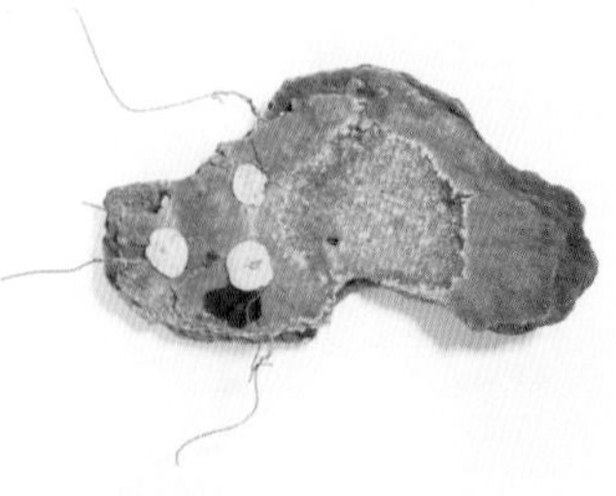

要诀

选择别具一格的平石作为盆器。其右侧可以蓄水。

3

将树木放在平石上，定好位置。

4

将泥炭土放在平石上。

※泥炭土的制作方法见第17页。

5

用手指按压根系上的土，让树木稳固。

6

用3根金属丝缠绕树木，拧在一处，用剪刀剪掉多余的金属丝。

7

将攒成团的泥炭土裹在根系周围。

8

裹上泥炭土。

9

将几株杜鹃（品种：早乙女）扦插入土中。

10

完成移栽后，铺种苔藓。

黑松

资料

别名：雄松、男松
分类：松科松属（常绿乔木）
树形：直干、斜干、双干、文人木、模样木、悬崖等

斜干　高 19 厘米　朱泥长方盆

针叶坚硬笔直
树皮古朴沧桑

在称作“日本三景”的松岛、安芸宫岛、天桥立，都种有黑松，它已成为一道靓丽的风景线。提起盆景，大多数人首先浮现在脑海里的就是黑松。它也称“雄松”，非常受大众的欢迎。黑松树木强健，培育容易，值得推荐初学者一试。

管理要点

放置地点 放在日照、通风良好的地方。也可以放在半阴处培育。

浇水 喜水。盆土表面干燥后要浇足量的水。

施肥 施固体肥料。可增加施肥量。

病虫害 注意蚜虫、松枯病、红蜘蛛、叶枯病。可喷洒杀虫剂。

移栽 小树每2年1次，老树每3年1次。3～4月适宜移栽。

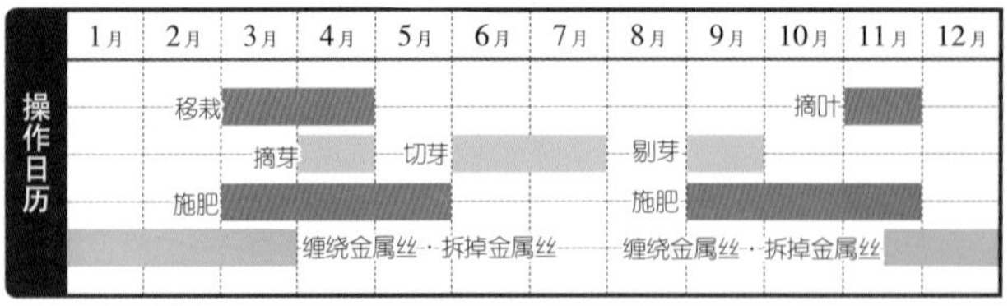

创作　斜干

【操作前】11月中旬

【操作后】4月上旬

【操作后】6月中旬

摘叶 11月中旬

用修枝剪剪掉下方的叶片。

修剪 11月中旬

1 用修枝剪将笔直粗壮的主干剪掉。

2 将主干剪掉。

3 用修枝剪将叶片剪掉，让叶片分布较为平均。

4 叶片分布均衡。

5 在主干切口上涂抹伤口愈合剂，促进切口愈合。

6 用修枝剪修剪叶片，让叶片变得整齐。

蟠扎·整枝 11月中旬

1 每根枝条都缠上金属丝，予以整枝。

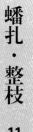

2. 完成蟠扎、整枝。

移栽

4月上旬

要诀

要将黑松栽入沙土中，所以略微疏松就好。

1. 用根钩将根系从上往下疏松开。

2. 用根钩将根系疏松开。

3. 用修枝剪将固定根系的金属丝剪掉。

4. 用修根剪修剪掉长根。

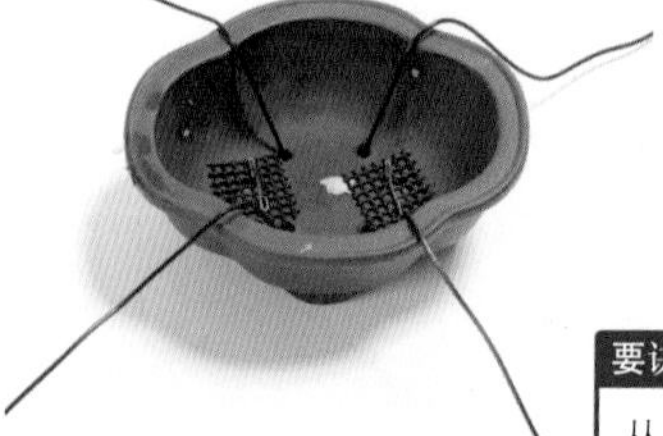

5. 准备盆器和盆土。

※盆土：10份赤玉土（中粒）、4份河沙，再放入1/10的竹炭混合。

要诀

从上方倒入的盆土，不用放竹炭。否则盆景浸入水桶后，竹炭会浮出水面。

6

完成移栽后，铺种苔藓。

切芽 6月中旬

1

新芽萌发。

2

用修枝剪将当年萌发的新芽剪到只留一点芽的底部。

要诀

如果将芽底部也一块剪掉，就会流出松脂，影响发芽。

3

完成切芽。

小贴士

切芽注意事项

1 刚萌发的新芽

注意不要剪掉刚萌发的新芽。

2 浇水

切芽的前一天不要浇水。盆土干燥些，不容易流出松脂。完成切芽后，可倒入大量的水。

3 施肥

切芽后，再次萌发的芽容易生长过快，所以不要施肥。进入9月中旬，再施足够的施肥，树木会更有活力。

五针松

资料

别名：姬小松
分类：松科松属（常绿乔木）
树形：直干、斜干、模样木、文人木、悬崖等

斜干　高 20 厘米　朱泥圆盆

威严肃穆 气度非凡的经典盆景

五针松分布于日本高山的岩壁。从1片叶片底部长出5片叶片。叶片较短，到了秋天老旧的叶片会自然脱落。其生长缓慢，想要塑造出老树的风姿需要较长的时间，也能修剪成神枝或舍利干。经常和黑松一起制作成盆景，用作新年装饰。

管理要点

放置地点 放于日照、通风较好的地方。也可以在半阴处培育。

浇水 初春至夏季要控制浇水，以免芽或叶生长过快。

施肥 施固体肥料。初春要控制施肥，让芽不要生长过快。

病虫害 注意雪虫、蚜虫与叶枯病，要喷洒杀菌剂。

移栽 小树每2年1次，老树每3年1次。3~4月、8~9月适宜移栽。

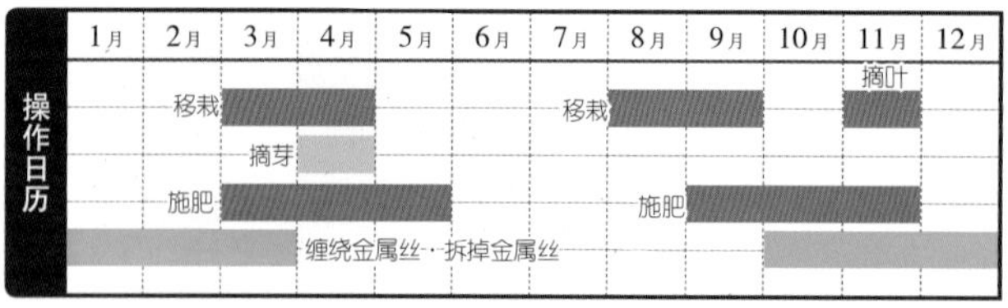

创作 斜干

【操作前】11月中旬

→

【操作后】4月上旬

修剪 11月中旬

1 用修枝剪将枯叶、老旧的叶片（前年的叶片）剪掉。

2 用修枝剪将树木最上面枝条的中心枝条剪掉。

要诀

有抑制树木生长的作用。

3 用修枝剪将叶片剪掉，让叶片整齐。

4 用修枝剪将多余的枝条剪短。

5 保留一截枝条底部。

要诀

如果修剪到枝条底部，会溢出松脂，树干也会变白，难以清除。可待一年后，再将那截残枝从底部剪掉。

蟠扎·整枝 11月中旬

1 将每根枝条缠上金属丝，予以整枝。

移栽

4月上旬

1

将盆景从盆中取出。

要诀

根系周围的白色物，是共生菌。这说明树木健康。

2

用修根剪将根系横向剪开。

要诀

关键在于不要将松树的根系完全疏松。

3

完成根系修剪。

2

缠绕金属丝以后，将枝条下压，让新芽立起。

要诀

为了让树木更有老树的风情，可将枝条下压，将叶片提起，这样看起来更有活力。

3

用修枝剪将多余的车轮枝剪掉。

4

完成蟠扎。

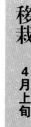

4

准备盆器和盆土。

※盆土：10份赤玉土（中粒）、4份河沙混合，另放入1/10竹炭。

5

倒入盆土，插入竹签，以减少盆土之间的缝隙。

要诀

上方盆土不用放竹炭。否则盆景浸入水桶后，竹炭会浮出水面。

※盆土：10份赤玉土（小粒）、4份河沙混合。

6

完成移栽。

摘芽

4月中旬

用镊子将生长过快的芽夹起，并将中间的芽摘下。

小贴士

叶片的差异

五针松以叶片笔直（右图）为佳。

选择植株时，不要选叶片弯曲的植株（左图）。

对这些树来说，即使历经多年，弯曲的叶片也不会变直。

圆柏

资料

别名：真柏
分类：柏科刺柏属（常绿灌木）
树形：斜干、直干、双干、模样木、悬崖、附石等

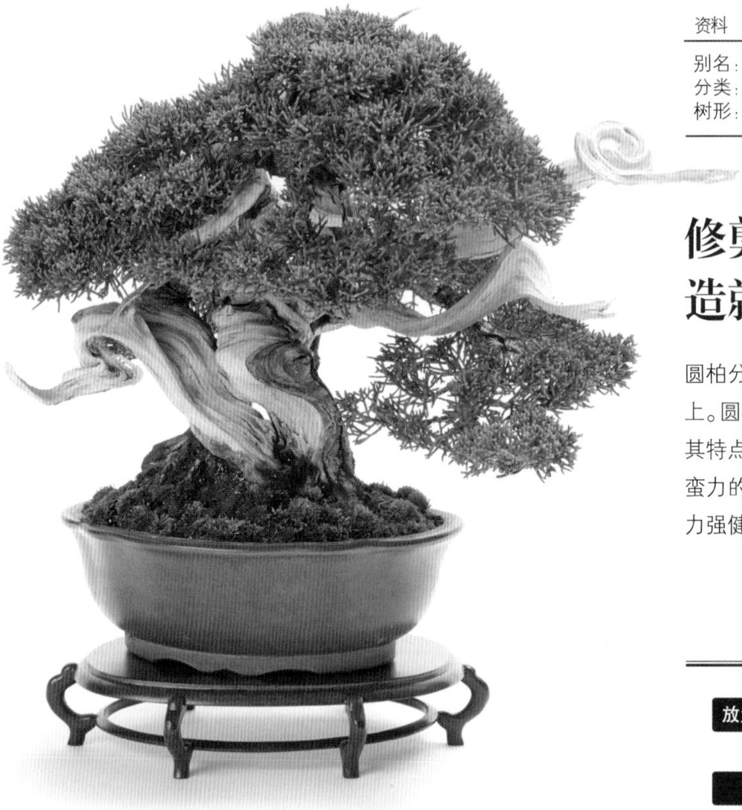

模样木　高 21 厘米　朱泥木瓜盆

修剪神枝或舍利干 造就云淡风轻的老树

圆柏分布于日本北海道到九州的高山，覆在岩壁上。圆柏观赏价值非常高，被称作“真正的柏树”。其特点是枝条柔软，便于修剪树形；能承受较为蛮力的操作，适合修剪神枝或舍利干。圆柏生命力强健，即使初学者也能轻松培育成功。

管理要点

放置地点 放于日照、通风良好的地方。也可以在半阴处培育。

浇水 适合多浇水。夏季给叶面喷水。

施肥 施固体肥料。其长势旺盛，如施肥太多，则根系会变得粗壮。

病虫害 注意红蜘蛛。可给叶面喷水预防。

移栽 根系容易打结。小树每2年1次。老树每3年1次。3月、8~9月适宜移栽。

操作日历	1月	2月	3月	4月	5月	6月	7月	8月	9月	10月	11月	12月
		移栽	■				移栽	■	■			
				摘芽	■	■	■	■	■			
				施肥	■			施肥	■	■		
	■	■	■	■	缠绕金属丝·拆掉金属丝			缠绕金属丝·拆掉金属丝				■

创作 神枝

【操作前】4月下旬

【操作后】4月下旬

【操作后】6月中旬

修剪神枝或舍利干 4月下旬

1 用钳子剥下树干的表皮。

2 用叉枝剪将树干的切口撕开。

要诀
抹去剪刀的痕迹，使其看起来像是自然裂开。

修剪 4月下旬

1 用叉枝剪将多余的枝条剪短。

2 完成修剪。

小贴士

注意不要剥太多皮

树木通过树皮内侧柔软的部分吸收水分与养分，内侧的木质部用来支撑树干。

春季，树干吸收了水分变得柔软，树皮非常容易被剥下，但要注意不要剥太多皮。

虽然冬季较为干燥，难以剥皮，却是操作的最佳时期。

移栽 4月下旬

※原本要3月移栽。

1 用根钩将根系从上到下疏松。

2 用修根剪将长根剪掉。

3 完成根系修剪。

3 完成剥皮，前端变得尖细。

要诀

削去留下的伤口，一定要保护好。参见第 47 页。

蟠扎·整枝 4月下旬

1 将每根枝条都缠上金属丝，予以整枝。

2 完成蟠扎、整枝。

要诀

树干弯曲，所以枝条也要弯曲，这样才协调统一。

摘芽 6月中旬

1 新芽萌发。

2 用镊子将生长过快的新芽摘去。

要诀

注意不要伤及新芽。如果新芽受伤或用剪刀剪过，叶片会变成茶褐色。

3 完成摘芽。

4 准备盆器和盆土。

※盆土：8份赤玉土（中粒）、2份河沙混合，另放入1/10的竹炭。

5 用取土铲将盆土铲入盆内。

要诀

上方的盆土不用放竹炭。否则盆景浸入水桶后，竹炭会浮出水面。

※盆土：8份赤玉土（小粒）、2份河沙混合。

6 完成移栽，铺种苔藓。

杉树

资料

别名：椙、近木、真木、日本柳杉
分类：柏科柳杉属（常绿乔木）
树形：直干、双干、分干、丛干等

直干　高 20 厘米　英明盆

直干清雅秀丽
叶片颜色应季渐变，赏心悦目

杉树分布于日本青森到屋久岛的广阔区域。 树龄可达300～400年，古时曾被尊为神树，备受人们推崇。人工培育的杉树树干笔直，而自然生长的杉树略有弯曲，别具风情。随着四季的变换，叶片的颜色也会逐渐变化，十分赏心悦目。

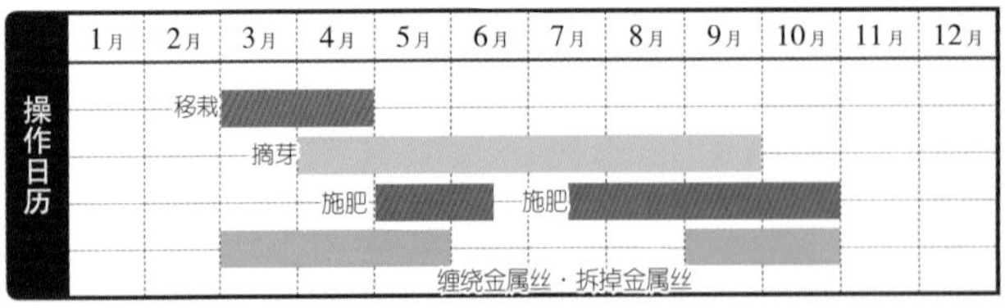

管理要点

放置地点 放于日照、通风良好的地方。可在半阴处培育。

浇水 喜水。随着季节的变换调整浇水的次数。

施肥 施固体肥料。施肥过多，枝叶会生长过快，所以要控制施肥。

病虫害 注意红蜘蛛、煤烟病、红枯病。给叶面喷水可预防红蜘蛛。

移栽 小树每2年1次，老树每3年1次。3～4月适宜移栽。

增添茅屋　栽入平盆

【操作前】4月下旬

→

【操作后】4月下旬

修剪 4月下旬

1

用修枝剪将部分过密的枝条剪掉。分叉的枝条可剪去尖端。

要诀

这棵树的树干较细，为了让整体统一协调，要修剪出层次感。

2

完成修剪。

要诀

可以看到树干分枝的样貌。

蟠扎·整枝 4月下旬

1

将每根枝条都缠上金属丝，予以整枝。

2

完成蟠扎、整枝。

移栽 4月下旬

1

准备盆器和盆土。

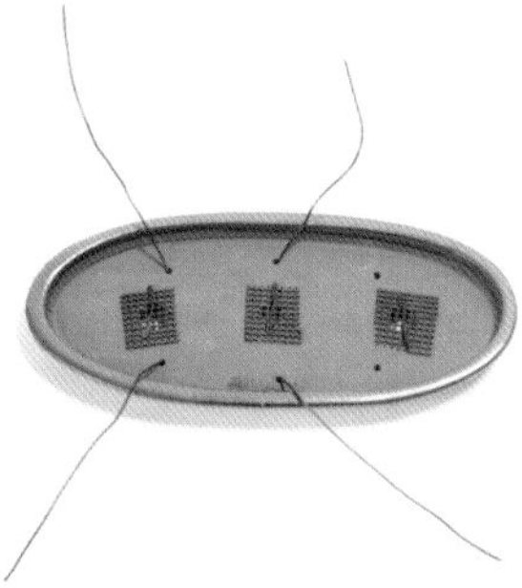

※盆土：8份赤玉土（中粒）、2份河沙，另放入1/10的竹炭混合。

2

将树木放入盆内，定好位置，预估所需的盆土用量。

3

用取土铲将盆土铲入盆内。

4

金属丝两两绕过树木，用钳子拧紧，固定树木。

要诀

盆土不用放入竹炭。否则盆景浸入水桶后，竹炭会浮出水面。

※盆土：8份赤玉土（中粒）、2份河沙混合。

5

用取土铲将盆土铲入盆内。

要诀

摘芽方法和杜松相同。参见第93页。

6

完成移栽，铺种苔藓，放上茅屋。

小贴士

放上茅屋，增添趣味性

陈设用的古民居“茅屋”，有陶瓷材质的，也有石头材质的。

在空闲的地方放上小摆件，更添乐趣。可作为盆景的一景，增添趣味性。

矮扁柏

资料

别名：石化桧、白柏、钝叶扁柏
分类：柏科扁柏属（常绿乔木）
树形：直干、双干、斜干、丛干等

分干　高20厘米　朱泥椭圆盆

叶如鳞片般层层叠叠 适合小型盆景

矮扁柏来自日本福岛县以南的本州、四国、九州，常用作建材。盆景主要使用矮扁柏和云片柏。矮扁柏的叶如鳞片般层层叠叠，适合用作小型盆景。养护时只要认真摘芽，就能避免枝条枯萎，也能整出漂亮的树形。

管理要点

放置地点 放于日照、通风良好的地方。进入12月后，如果能保持足够的光照，叶片仍能翠绿鲜亮。

浇水 喜水。盆土表面干燥后，浇足量的水。

施肥 喜肥。施固体肥料。

病虫害 注意红蜘蛛、天牛。给叶面喷水可预防红蜘蛛。

移栽 小树每2年1次。老树每3年1次。2月中旬至5月适宜移栽。

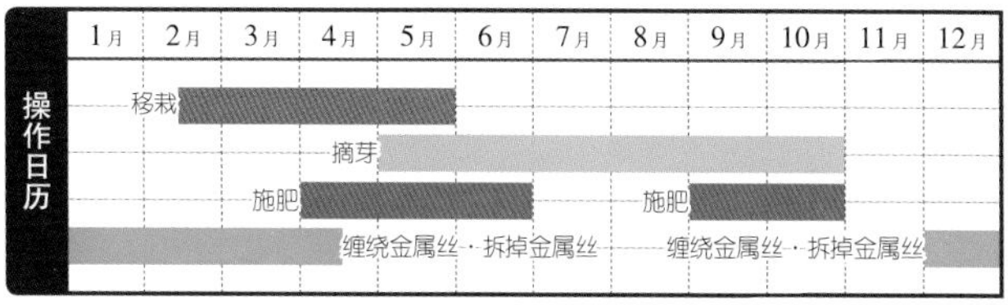

创作 双干

【操作前】2月中旬

【操作后】2月中旬

修剪　2月中旬

1　用修枝剪将过长的枝条剪掉。

要诀

为了让培育的树木更加粗壮，要促进枝条生长。

2　完成修剪。

蟠扎·整枝　2月中旬

1　每根枝条都缠上金属丝，予以整枝。

要诀

枝条柔软，容易整形。叶片较细，能清楚地看到树形的整个轮廓。

2　用镊子将下垂的叶片摘除。

3　完成蟠扎、整枝。

移栽　2月中旬

1　用根钩将根系从上到下疏松，再用修根剪将长根剪掉。

2

完成根系修剪。

3

准备盆器和盆土。

※盆土：8份赤玉土（中粒）、2份河沙混合，另放入1/10的竹炭。

4

用钳子将两根金属丝拧紧，固定树木，再将多余的金属丝剪掉。用取土铲将盆土铲入盆内。

要诀

上方盆土不用放入竹炭。否则盆景浸入水桶后，竹炭会浮出水面。

※盆土：8份赤玉土（小粒）、2份河沙混合。

5

完成移栽，铺种苔藓。

小贴士

摘芽，修整轮廓线

进入6月中旬，新芽开始生长。用镊子将超出轮廓线的新芽摘掉。

操作前　　操作后

云片柏

资料

别名：津山桧
分类：柏科扁柏属（常绿乔木）
树形：直干、双干、斜干、丛干等

半悬崖　高 28 厘米　陶翠盆

发现、繁殖于日本冈山县 叶片细密如云

云片柏发现于日本冈山县的津山地区，并由当地人加以繁殖。与矮扁柏相比，云片柏叶片更为细密，十分适合制作盆景，所以很快便在日本流行开来。在盆景界，云片柏和矮扁柏一起，都是经常使用、备受欢迎的树木。

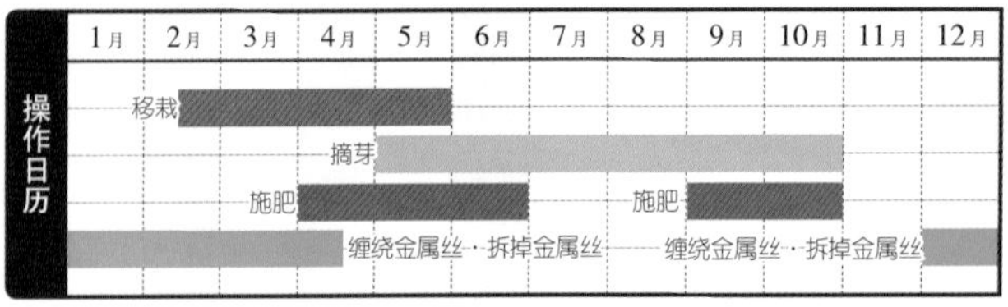

管理要点

放置地点 放于日照、通风良好的地方。进入12月后，如果能保持足够的光照，叶片仍能翠绿鲜亮。

浇水 喜水。盆土表面干燥后，浇足量的水。

施肥 喜肥。施固体肥料。

病虫害 注意红蜘蛛、天牛。给叶面喷水可预防红蜘蛛。

移栽 小树每2年1次。老树每3年1次。3～5月适宜移栽。

创作

直干

【操作前】4月中旬

→

【操作后】4月中旬

操作准备 4月中旬

准备1个略大的盆，盆与盆之间塞满报纸，让树木直立地固定于盆内。

要诀
略倾斜的树木，须直立固定于大盆中。

修剪 4月中旬

1 用叉枝剪将重叠的枝条剪掉。

2 完成修剪。

蟠扎·整枝 4月中旬

1 每根枝条都缠上金属丝，予以整枝。

2 完成蟠扎、整枝。

移栽 4月中旬

1 将根系从盆中取出。

要诀
可以看到根系已经长满了整个盆。

2

用修根剪将根系纵向剪开。

3

用根钩将根系从上到下疏松。

4

根系疏松完毕。

5

准备盆器和盆土。

※盆土：8份赤玉土（中粒）、2份河沙2混合，另放入1/10的竹炭。

6

要诀

上方的盆土不用放入竹炭。否则盆景浸入水桶后，竹炭会浮出水面。

※盆土：8份赤玉土（小粒）、2份河沙混合。

用取土铲将盆土铲入盆内，用镊子（竹签也可）插入土中，以减少盆土之间的缝隙。

7

完成移栽，铺种苔藓。

要诀

6月中旬进行摘芽，和矮扁柏相同。参见第87页。

杜松

资料

别名：刚桧、崩松、普圆柏、软叶杜松
分类：柏科刺柏属（常绿灌木）
树形：直干、模样木、悬崖、丛干、附石等

模样木　高 9 厘米　中国盆

叶细如针
树形茂盛厚重

杜松分布于日本的群山、丘陵，甚至海岸线上。叶细如针，成团成簇，非常显眼。杜松茂盛厚重，带有男子汉气概，常常作为陈设的主角。枝条容易枯萎，便于制作神枝或舍利干。像左图这种叶片细密的杜松，可以做成小型盆景。

管理要点

放置地点 放于日照、通风良好的地方。耐热，但不耐寒。

浇水 喜水。盆土表面干燥后，要浇足量的水。

施肥 施固体肥料。4月至秋季，因为要摘芽，所以每月施肥1次。

病虫害 注意红蜘蛛、天牛。给叶面喷水可预防红蜘蛛。

移栽 小树每2年1次。老树每3年1次。3～4月适宜移栽。

操作日历

操作	1月	2月	3月	4月	5月	6月	7月	8月	9月	10月	11月	12月
移栽			■	■								
摘芽·切芽				■	■	■	■	■	■			
施肥				■	■					■		
缠绕金属丝·拆掉金属丝	■	■									■	■

创作　风吹型

【操作前】11月中旬

【操作后】11月中旬

【操作后】翌年9月上旬

蟠扎・整枝 11月中旬

1

每根枝条都缠上金属丝，予以整枝。

2

完成蟠扎、整枝。

洗净神枝 11月中旬

1

用高压水枪将神枝清洗干净。

修剪 11月中旬

1

用镊子将枯叶或老叶（前一年的叶片）摘掉。

2

用修枝剪将多余的朝下生长的枝条剪掉。

要诀

修剪出风吹树形。

3

完成修剪。

2

神枝洗净5个月之后的状态。

摘芽 4月下旬

要诀

9月摘芽四五次。

用镊子轻轻夹住新芽的底部，用指尖将芽摘掉。

切芽 6月上旬

1

新芽萌发。

2

用修枝剪将生长过快的芽剪短，留下茎部。

要诀

此时，注意不要剪到叶片。

3

完成切芽。

小贴士

叶片的差异

即使同一为杜松，也分为叶片细密的（左图）与叶片粗疏的（右图）。

叶片细密的便于做成小盆景，叶片粗疏的颇有野趣，适合做成神枝或舍利干。

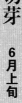

圆叶小石积

资料

别名：矾山椒、天梅、天皇梅
分类：蔷薇科 小石积属（常绿灌木）
树形：半悬崖、斜干、模样木等

5 月中旬开花

半悬崖　高 20 厘米　宽 30 厘米　钧釉盆

叶片形如花椒树叶 白花可爱喜人

圆叶小石积分布于日本冲绳、鹿儿岛、奄美的沿海或珊瑚礁。叶片形如花椒树叶，因此也称矾山椒。生长于温暖地区，但非常耐寒，即使在本州，只要有温室也可以过冬。2～3月进行修叶，春季发芽也会整齐。它会开出白色的小花，长出紫红的果实。

管理要点

放置地点　放于日照、通风良好的地方。夏季避免西晒。冬季避免霜雪，可以搬入温室。

浇水　喜水。特别夏季每天要浇水2～3次。

施肥　施固体肥料。

病虫害　基本无需担心病虫害。

移栽　每2年1次。3～8月适宜移栽。

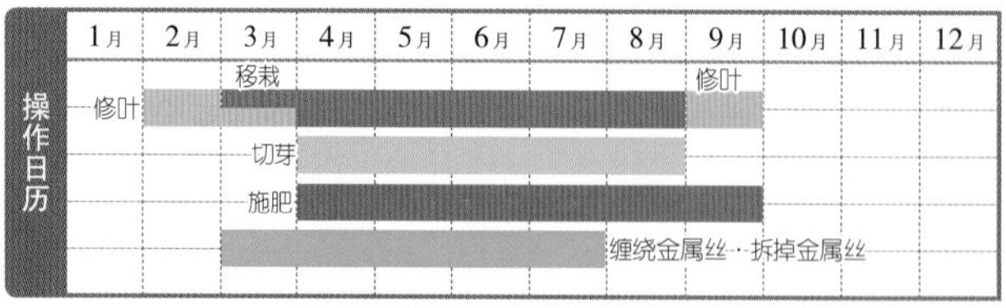

修剪

模样木

【操作前】3月上旬

【操作后】3月上旬

【操作后】6月中旬

蟠扎·整枝 3月上旬

1 每根枝条都缠上金属丝，予以整枝。

2 完成蟠扎、整枝。

移栽 3月上旬

1 用修根剪将长根剪短。

2 用叉枝剪将主根剪短。

修叶 3月上旬

1 用修叶剪从叶片底部剪下。

决
方的叶片长势较好，
剪是为了萌芽整齐。

2 完成修叶。多余的立枝清晰可见。

修剪 3月上旬

1 用修枝剪将多余的立枝剪掉。

决
口涂抹伤口愈
剂。

2 完成修剪。

3

完成根系修剪。

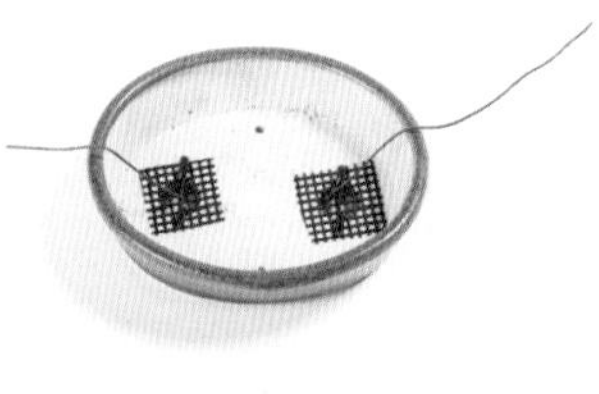

4

准备盆器和盆土。

※盆土：8份赤玉土（中粒）、2份河沙混合，另放入1/10的竹炭。

5

用取土铲将盆土铲入盆底。放上树，然后继续铲入盆土。

要诀

上方盆土不用放入竹炭。否则盆景浸入水桶后，竹炭会浮出水面。

6

用取土铲将盆土铲入盆内，将竹签（镊子也可）插入土中，以减少盆土之间缝隙。

※盆土：8份赤玉土（小粒）、2份河沙混合。

7

完成移栽，铺种苔藓。

切芽 5月中旬

用修枝剪将生长过快的芽剪掉。

蟠扎·整枝 6月中旬

1

将每根新梢都缠上金属丝，予以整枝。

2

完成蟠扎、整枝。

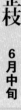

分干　高 23 厘米　一苍盆

银杏

资料

别名：—
分类：银杏科银杏属（落叶乔木）
树形：直干、斜干、丛干等

萌芽—绿叶—黄叶—寒树 尽享四季变换的趣味

银杏来自中国，大量作为日本的行道树。4月下旬，银杏叶片细小嫩绿、可爱喜人，然后慢慢长大，长成普通大小的叶片。之后随着四季的变换，叶片从新绿、泛黄，到落下，展现不同时节的美。银杏强健，即使初学者也能轻松地培育。

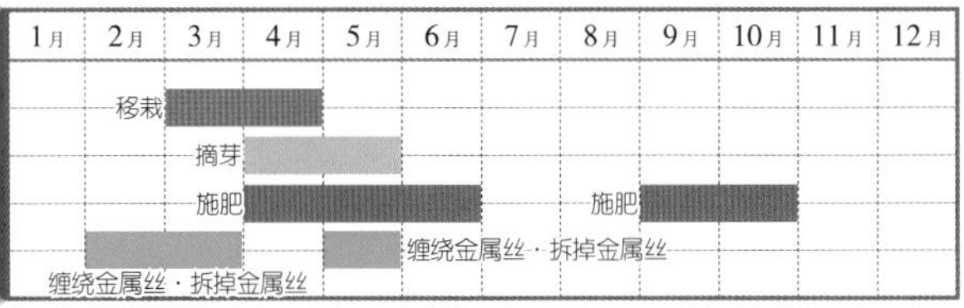

管理要点

放置地点 放于日照、通风良好的地方。夏季避免西晒，冬季要搬到屋檐下。

浇水 夏季注意预防缺水。傍晚可给叶面喷水。

施肥 施固体肥料。

病虫害 注意蓑蛾、烟煤病。

移栽 小树每2年1次，老树每3年1次。3～4月适宜移栽。

移栽入 椭圆盆

【操作前】3月下旬

→

【操作后】3月下旬

→

【操作后】5月中旬

蟠扎·整枝 3月下旬

1 每根枝条都缠上金属丝，予以整枝。

要诀
枝条容易内弯，整枝后枝条就能伸展开来。

2 完成蟠扎、整枝。

移栽 3月下旬

1 用根钩将根系从上到下疏松，再用修根剪将长根剪短。如有粗根，用修根剪剪掉。

要诀
粗根在移栽时会向上生长，所以一定要剪掉。

修剪 3月下旬

1 如果主干有老切口，要用叉枝剪斜着剪掉。

2 用叉枝剪将多余重叠的枝条剪掉。

3 用抹刀（或竹片）将伤口愈合剂涂抹在树干的切口上。

2 将粗根剪掉。

3 完成根系修剪。

4 准备盆器和盆土。

※盆土8份赤玉土（中粒）、2份河沙，另放入1/10的竹炭混合。

5 完成移栽，铺种苔藓。

小贴士

雄树和雌树的区分方法

下图是银杏的叶片。通过观察叶片的形状，可区分出雄树和雌树。

雄树：叶片中间的裂痕较深（右图）。

雌树：叶片的裂痕较浅，几乎看不到裂痕（左图）。

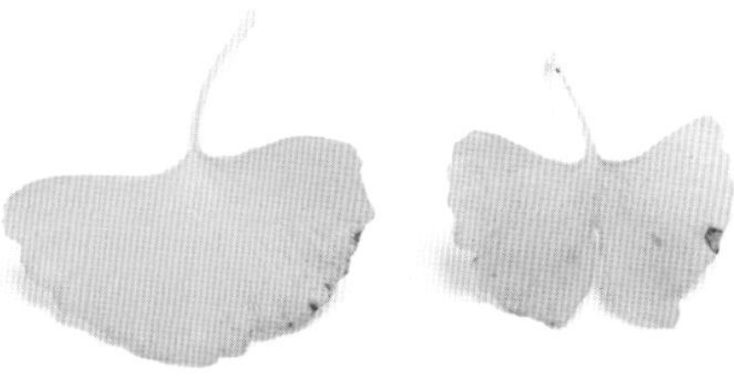

水蜡

资料

别名：辽东水蜡树
分类：木樨科女贞属（半落叶灌木）
树形：斜干、分干、模样木、悬崖等

双干　高 17 厘米　东福寺椭圆盆

树木强健易培育 尽享创作的乐趣

水蜡是遍布日本的强健树木。制作盆景应选择荒皮性（树皮易起皱纹）的品种，树干就能尽早龟裂，具有老树的感觉。其枝条纤细、柔弱怜人，经常修叶可以促进分枝，使其枝繁叶茂。落叶的枯树在展览会上备受欢迎。水蜡有白色小花的花蕾，紫黑色的果实，味道都有些苦涩。

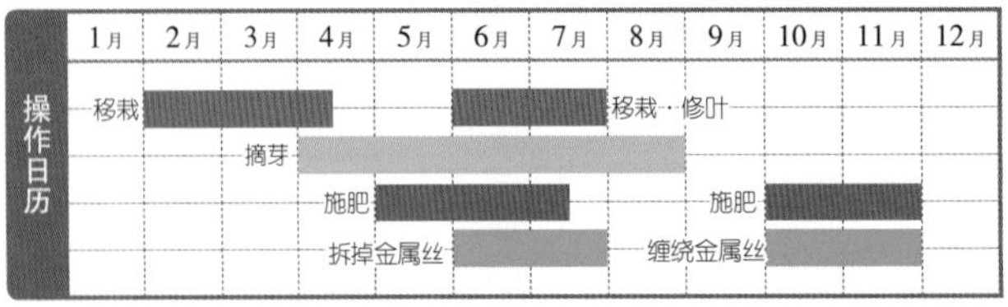

管理要点

放置地点 对放置地点没有特殊要求。想要树干变粗，可以放在日照较好的地方；想要枝繁叶茂，可以放在荫蔽处。

浇水 耐干燥，但浇水量也会影响生长状况。

施肥 施固体肥料。

病虫害 注意天牛及其幼虫。

移栽 每年1次。2～4月中旬、6～7月适宜移栽。

修整　分干

【操作前】9月上旬

【操作后】9月上旬

修剪 6月上旬

用修枝剪将徒长枝剪掉。

修叶 6月上旬

用修叶剪将大叶子从底部剪掉。

移栽 6月上旬

1 用根钩将根系从上到下疏松。

要诀
根系较细，无需使用修根剪。

2 用修枝剪将长根剪短。

3 完成根系修剪。

4 准备盆器和盆土。

※盆土：8份赤玉土（中粒）、2份河沙混合，另放入1/10的竹炭。

5 用取土铲将盆土铲入盆底。放入树木，继续铲入盆土。

6 完成移栽。

鹅耳枥

移植　高 19 厘米　屯洋钵

资料

别名：岩四手、穗子榆
分类：桦木科鹅耳枥属（落叶小乔木）
树形：分干、丛干等

用分干、丛干等塑造出小树丛生的感觉

分布于日本武藏野杂木林中的鹅耳枥，可通过分干、丛干，做出一盆别具风韵的盆景。如果通过丛干，4～5年就能基本成形，可以较快具有观赏价值。可根据季节的变换，欣赏萌芽、嫩叶、红叶、寒树的变化。长成老树后，树干会形成纹理，展现威严庄重的形态。

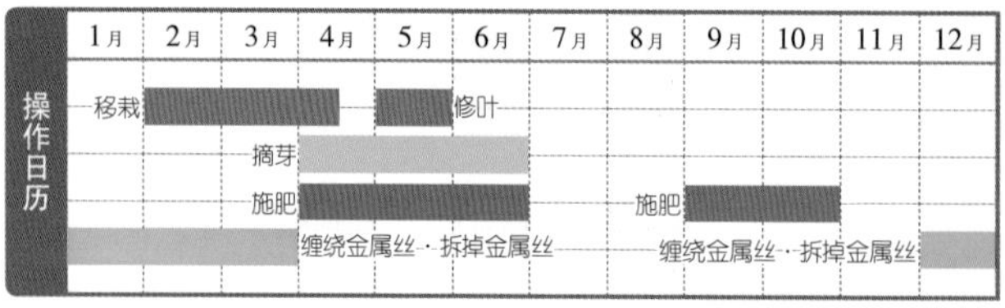

管理要点

放置地点　放于日照、通风良好的地方。夏季避开强晒，冬季搬入屋檐下。

浇水　要勤浇水。夏季注意预防缺水，容易晒伤叶子。

施肥　施固体肥料。

病虫害　注意蚜虫、介壳虫、卷蛾、真菌。

移栽　小树每2年1次，老树每3年1次。2～4月中旬适宜移栽。

修剪

分干

【操作前】3月下旬

【操作后】3月下旬

【操作后】6月中旬

修剪 3月下旬

1 用修枝剪将扰乱树形的立枝剪掉。

要诀

继续剪掉从枝条底部直接萌发的新芽、多余的枝条，让枝条周围更加清爽。

2 完成修剪。

蟠扎·整枝 3月下旬

1 将每根枝条都缠上金属丝，予以整枝。

2 完成蟠扎、整枝。

移栽 3月下旬

1 用修根剪将根系剪掉。

2 完成根系修剪。

3

准备盆器和盆土。

※盆土：8份赤玉土（中粒）、2份河沙混合，另放入1/10的竹炭。

4

完成移栽，铺种苔藓。

摘芽

5月中旬

1

新芽萌发。

2

完成摘芽。

摘芽

6月中旬

1

用修枝剪将生长过快的芽剪掉。

2

用修枝剪将生长过快的芽剪掉。

野茉莉

资料

别名：安息香、苦木
分类：安息香科安息香属（落叶小乔木）
树形：模样木、斜干、悬崖、文人木等

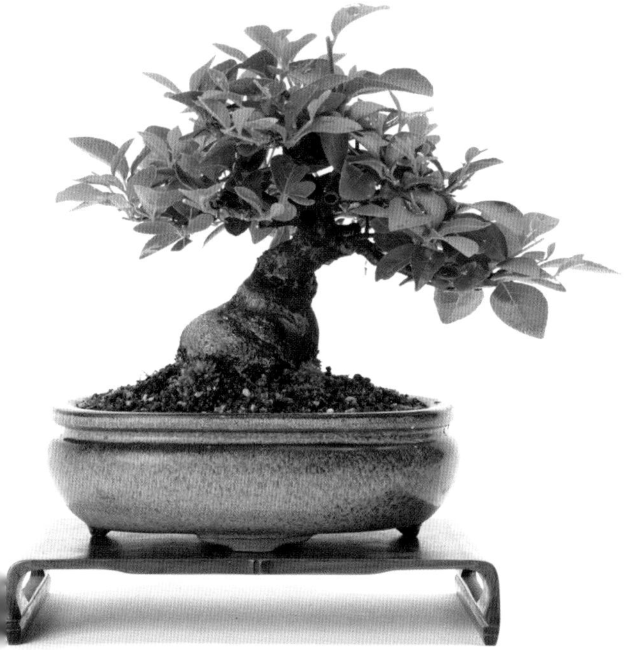

模样木　高 15 厘米　中国盆

富有野趣和情调 白色小花惹人喜爱

从日本北海道到冲绳，野茉莉遍布日本各地。鸡蛋般的果实表皮部分有毒，大多味道苦涩，因此也得名“苦木”。白色或淡粉色的小花低垂惹人怜，虽然花朵也可以用来观赏，但多用于制作盆景，常作为杂木盆景培育。富有野趣，美丽迷人。

管理要点

放置地点 放于日照、通风良好的地方。夏季避免西晒。

浇水 注意预防缺水。如果过于干燥，叶子会翻卷。

施肥 施固体肥料。

病虫害 注意褐斑病、赤星病、真菌、蚜虫、天牛。

移栽 每2年1次。2月至4月中旬适宜移栽。

操作日历

操作	1月	2月	3月	4月	5月	6月	7月	8月	9月	10月	11月	12月
移栽		■	■	■								
摘芽				■	■	■	■					
施肥					■	■	■		■	■		
缠绕金属丝·拆掉金属丝	■	■	■	■	■	■	■					■

修整

半悬崖

【操作前】4月上旬

→

【操作后】4月上旬

→

【操作后】5月中旬

蟠扎·整枝

4月上旬

1

将每根枝条都缠上金属丝，予以整枝。

2

完成蟠扎、整枝。

移栽

4月上旬

1

用修根剪将上方根系剪掉。

2

用修根剪将根系横向剪掉。

3

完成根系修剪。

4

准备盆器和盆土。

※盆土：8份赤玉土（中粒）、2份河沙混合。

蟠扎・整枝 5月中旬

1 将每根枝条都缠上金属丝，予以整枝。

2 完成蟠扎、整枝。

5 完成移栽，铺种苔藓。

摘芽 5月中旬

1 新芽萌发。

2 用镊子将生长过快的芽摘掉。

要诀

摘除发芽点，就能阻止新芽的生长。

栀子花

资料

别名：—
分类：茜草科栀子属（常绿灌木）
树形：分干、模样木等

模样木　高 17 厘米　钧釉长方盆

细叶・圆叶・方叶 随意选择喜欢的叶片

栀子花叶子鲜绿，花瓣洁白，果实橙黄。单瓣花分为细叶、圆叶、方叶，重瓣花无法结果，但花朵美丽，香气袭人。修叶后再移栽，能促进新芽萌发。树木强健，便于培育，很快便能培育出美丽的盆景。

管理要点

放置地点 放于日照、通风良好的地方。夏季要避光，防止叶片晒伤。冬季要搬到室内或屋檐下。

浇水 夏季注意预防缺水。

施肥 施肥过多反而影响结果。也可以不施肥。

病虫害 注意咖啡透翅天蛾的幼虫。

移栽 每2年1次，4～5月适宜移栽。

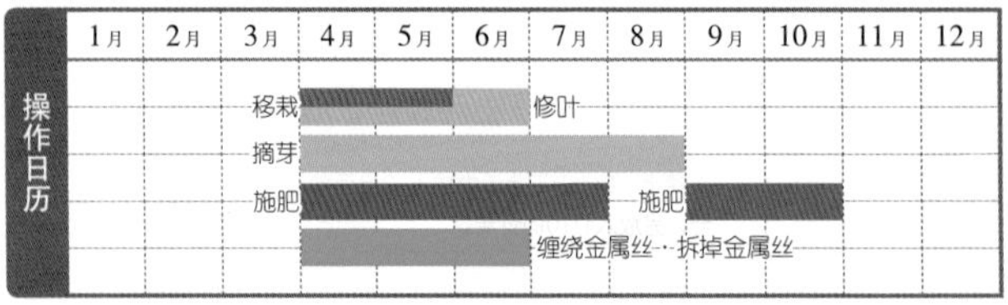

修整

半悬崖

【操作前】4月上旬

→

【操作后】4月上旬

修叶·修剪 4月上旬

用修叶剪将叶片剪掉，用修枝剪将多余的立枝剪掉。

要诀
修叶，是为了便于之后枝条修剪。

蟠扎·整枝 4月上旬

1 将每根枝条都缠上金属丝，予以整枝。

2 完成蟠扎、整枝。

移栽 4月上旬

1 用修根剪将根系纵向剪开。

要诀
将缠绕的根系剪开，这样便于疏松。

2 用根钩将根系从上到下疏松，用修根剪将长根剪短。

3 完成根系修剪。

4 准备盆器和盆土。

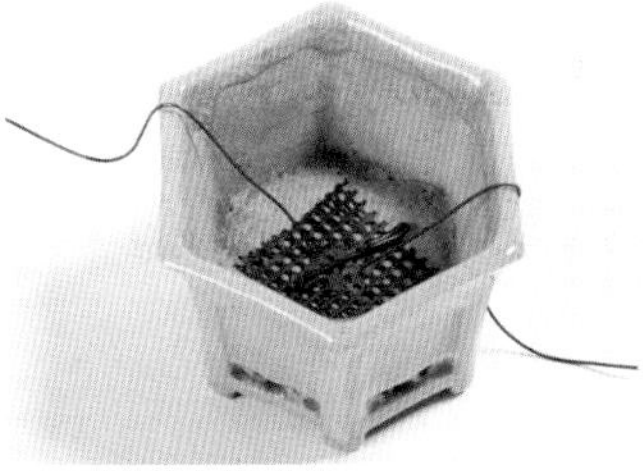

※盆土：8份赤玉土（中粒）、2份河沙混合，另放入1/10的竹炭。

5 完成移栽，铺种苔藓。

榉树

资料

别名：光叶榉
分类：榆科榉属（落叶乔木）
树形：帚立、分干、丛干等

直干　高 22 厘米　苔州盆

枝条纤细零落 备受欢迎的杂木

榉树原产于日本，遍布日本各地的平原。树干耸立，树冠伸向天空，可塑造出参天大树的感觉。随着四季的变换，可欣赏到从新叶、黄红叶，到寒树等不同之美。只要勤摘芽、修叶，就能让枝条分出细枝，最大限度地展现榉树的魅力。

管理要点

放置地点 放于日照、通风良好的地方。放于荫蔽处，枝条不会细密。

浇水 每日浇足量的水。

施肥 施固体肥料。如果施肥过多，枝条就会过长。

病虫害 注意蚜虫。可喷洒杀菌杀虫剂。

移栽 小树每2年1次，老树每3年1次。2月中旬至4月中旬适宜移栽。

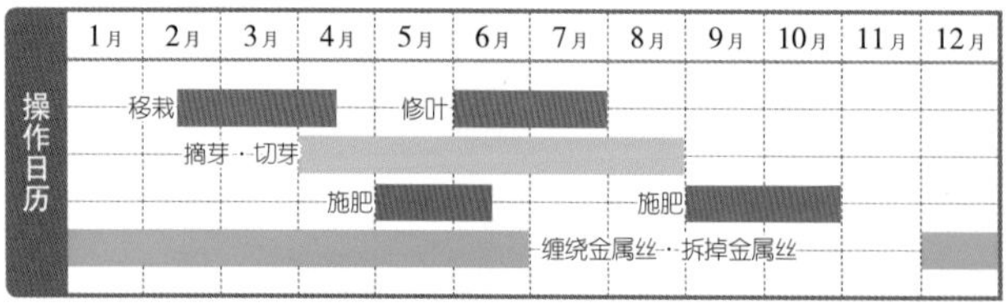

栽子

平盆中

【操作前】4月下旬

【操作前】6月上旬

【操作后】6月中旬

小贴士

新芽伸长后，要勤摘芽

枝条伸长后切芽，枝条会变粗。新芽不会同时生长，要多摘几次芽（通常 2～3 次）。

新芽会从强壮的地方萌发，叶片的数量决定了树木的长势。盆景操作的原则，就是均衡性。

另外，破坏盆景轮廓的部分，也要勤摘芽。

修叶 6月上旬

1 用修叶剪把叶片从底部剪掉。

2 完成修叶。

摘芽 4月下旬

用镊子将生长过快的芽摘掉。

切芽 6月上旬

1 用修枝剪将徒长枝剪掉。

2 完成切芽。

修剪

6月上旬

1

用修枝剪将粗枝剪掉。

2

用修枝剪将向下生长的枝剪掉。

3

用修枝剪将多余的重叠枝剪掉。

4

完成修剪。

要诀

培育榉树时，要将所有枝条都分出两叉枝。另外，树干也要分出双干，其中最好一根较粗，一根较细。

小贴士

无法将盆景轮廓修剪到位

下图完成修剪的盆景，右方的枝条下垂，破坏了整体的协调。对此，采用蟠扎法使其笔直，然后予以修剪。

移栽 6月上旬

※本来要2月中旬到4月中旬移栽，但修叶后也可以。

1

用刷子将根系清理干净。

要诀

修整表面盆土，露出根系。

2

露出根系。

3

用修枝剪将根系表面突出的部分剪掉。

要诀

根系较细，可以不用修根剪。

蟠扎·整枝 6月上旬

1

将每根枝条都缠上金属丝，予以整枝。

要诀

蟠扎时，可将枝条下压，这样便于操作。整枝时，再将枝条上提。

2

完成蟠扎、整枝。

小贴士

初夏时蟠扎最适宜

修叶后（初夏）蟠扎，以便于塑造树形。枝条含有水分，质地较软，容易弯曲。

冬季枝条干燥，并不适合蟠扎。制作盆景，时间点非常重要。

4

用修枝剪将根系横向剪掉。

5

用根钩将根系从上往下疏松。

6

根系疏松开来。

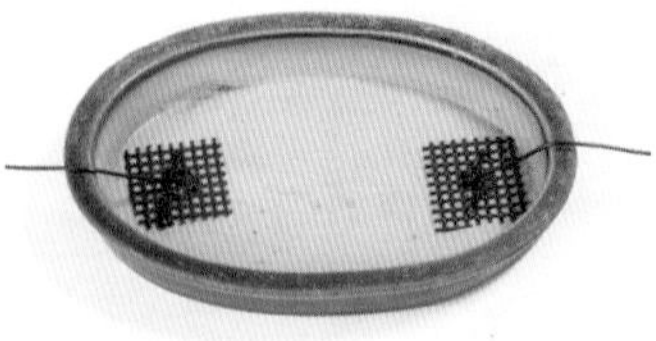

7

准备盆器和盆土。

※盆土：8份赤玉土（中粒）、2份河沙混合，另放入1/10的竹炭。

8

用取土铲将盆土铲入盆内，一直到盆底中央隆起。

要诀

为了让上部的根系横向生长。

9

用修枝剪将根系底部剪出一个凹坑，这样能契合盆底的土。

10

放入树木，继续铲入盆土。

要诀

上方盆土不用竹炭，否则盆景浸于水桶后，竹炭会浮出水面。

※盆土：8份赤玉土（小粒）、2份河沙混合。

11

捣插镊子（竹签也可），减少盆土之间的缝隙。

12

完成移栽，铺种苔藓。

摘芽 6月中旬

1

新芽萌发。

2

用镊子将生长过快的芽摘掉。

3

完成摘芽。

枹栎

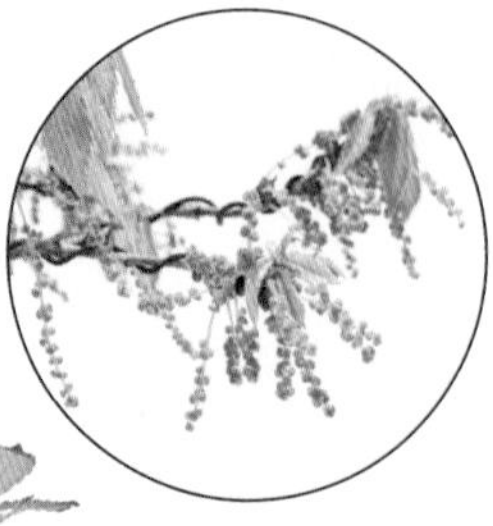

4 月下旬
开花

资料

别名：枹树、小楢
分类：壳斗科栎属（落叶乔木）
树形：模样木、分干、悬崖、丛干等

6 月中旬开始结果

半悬崖　高 18 厘米　宽 33 厘米　日本盆

富有野趣
沧桑怀旧

枹栎遍布于日本的山野。树木强健，便于培育。在庭院、公园等地经常看到它的身影。虽然野外常见到它的果实橡子，但栽入盆景中少见结果。随着季节的变换，欣赏从萌芽、绿叶，到黄红叶不同的美感。可以在公园捡到橡子，从种子开始培育。

管理要点

放置地点 放于日照、通风良好的地点。夏季避开强光，冬季搬到屋檐下。

浇水 盆土表面干燥后，可浇足量的水。

施肥 施固体肥料。

病虫害 注意黑斑病。

移栽 每年1次，每年3月至4月中旬适宜移栽。剪掉较粗的主根，保留较细的根。

操作日历

作业	1月	2月	3月	4月	5月	6月	7月	8月	9月	10月	11月	12月
移栽			■	■								
摘芽				■	■							
施肥						■			■	■		
缠绕金属丝·拆掉金属丝	■	■	■	■	■	■						■

修整 树形

【操作前】11月上旬

→

【操作前】4月上旬

→

【操作后】4月上旬

3

完成蟠扎、整枝。

移栽 4月上旬

1

有时主根过长。

2

用叉枝剪将主根从根底部剪掉。

修剪 4月上旬

用叉枝剪将保留的枝条从枝条底部剪掉。

蟠扎·整枝 4月上旬

1

将每根枝条都缠上金属丝，予以整枝。

2

用抹刀（竹片也可）将伤口愈合剂涂抹在枝条的切口上。

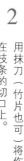

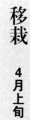

3

用叉枝剪将往上生长的根系剪掉。

4

用根钩将根系从上到下疏松，用修根剪将长根剪掉。

5

准备盆器和盆土。

※盆土：8份赤玉土（中粒）、2份河沙混合。

6

用取土铲将盆土从上方倒盆内，捣插铁签（镊子也可），减少盆土之间的缝隙。

※盆土：8份赤玉土（小粒）、2份河沙混合。

7

完成移栽，铺种苔藓。

拆掉金属丝 6月中旬

春季（4月上旬）拆掉金属丝。

要诀

枹栎生长迅速，所以金属丝很快便会嵌入树木中。

紫薇

模样木　高 19 厘米　草元盆

资料

别名：百日红
分类：千屈菜科紫薇属（落叶小乔木）
树形：斜干、模样木等

枝条纤细浓密 树干光滑洁净

紫薇原产于中国。树干光滑洁净，因此又名“猴滑树”。在鲜有花开的盛夏，其红花开百日，因此也名“百日红”。枝条纤细浓密，树干别具特色，这也是此树的特点之一。要多施肥，予以切芽，这样枝条会出现分叉。树木强健，便于培育。

管理要点

放置地点 放于日照、通风良好的地方。冬季要搬到室内或屋檐下。

浇水 喜水。5～6月萌发花芽，要少浇水。

施肥 施固体肥料。

病虫害 注意蚜虫、黑斑病。

移栽 每年1次。3～4月适宜移栽。

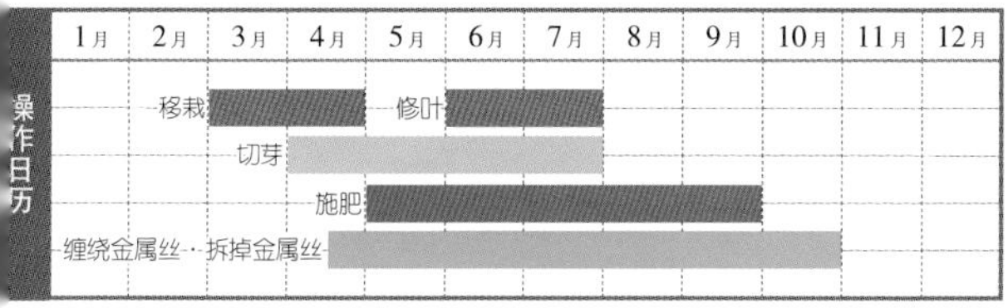

创作

分干

【操作前】4月中旬

【操作后】4月中旬

【操作后】6月中旬

蟠扎·整枝

4月中旬

1

将每根枝条都缠上金属丝，予以整枝。

2

完成蟠扎、整枝。

移栽

4月中旬

1

用根钩将根系从上到下疏松。

※这棵树扦插一年或两年，根系较细。

2

用修根剪将长根剪短。

3

用金属丝将最上方的根系缠紧，并固定。

4

归拢起来。

5

用金属丝将根系归拢起来。

6

准备盆器和盆土。

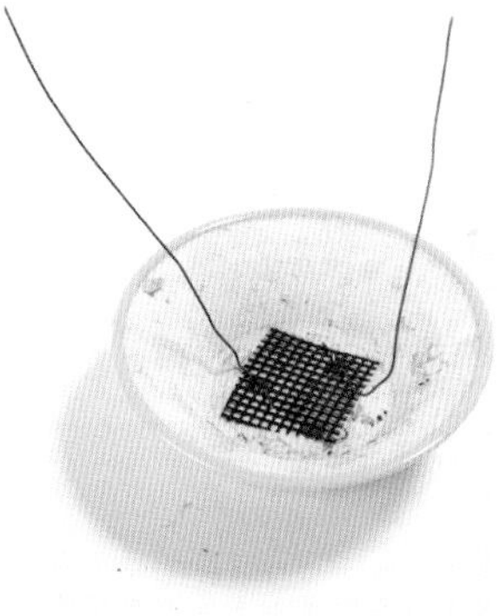

※盆土：8份赤玉土（中粒）、2份河沙混合。

7

用金属丝缠绕根系，固定树木。

8

完成移栽，铺种苔藓。

修剪 6月上旬

1

枝条伸展开来。

2

用修枝剪将枯萎的枝条剪掉。

切芽 6月上旬

1 用修枝剪将徒长枝剪掉。

要诀
保留 2 片新叶，其余剪掉。

2 完成切芽。

切芽 6月中旬

1 新芽萌发。

2 用修枝剪将徒长枝剪掉。

要诀
保留 2 片新叶，其余剪掉。

蟠扎·整枝 6月中旬

1 将每根新梢都缠上金属丝，予以整枝。

2 完成蟠扎，进行整枝。

要诀
8 月底花朵盛开。

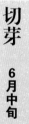

小叶络石

斜干　高 9 厘米　庆心盆

资料

别名：缩缅葛
分类：夹竹桃科络石属（藤蔓状半落叶灌木）
树形：模样木、悬崖、双干、分干、附石等

藤蔓状的强健树种 叶片小巧喜人

小叶络石叶片小而密，如同褶皱，为藤蔓状强健树种。属于半落叶灌木，到了红叶时节，叶子仍然保留部分绿色。红绿交相辉映，正是其魅力所在。如果移栽入小盆中，叶片也会变小，展现其纤细柔弱的一面。叶子变红时间较早，仅次于野漆树。

管理要点

放置地点 生长期要放于日照良好的地方。如果盆器较小，可以放在半阴处。

浇水 浇足量的水。夏季早晚浇水足量。冬季减少浇水。

施肥 喜肥。生长期每月施1次肥。

病虫害 注意蚜虫。受伤后愈合较慢。

移栽 每2年1次。4～5月适宜移栽。根系越密，枝叶也会更繁茂，不易长出徒长枝。

操作日历

操作	1月	2月	3月	4月	5月	6月	7月	8月	9月	10月	11月	12月
移栽				●	●							
切芽				●	●	●	●					
施肥			●	●	●	●	●		●	●	●	
缠绕金属丝·拆掉金属丝			●	●	●	●	●					

移栽后

萌发新芽

【操作前】5月中旬

→

【操作后】5月中旬

移栽

5月中旬

1

用修根剪将根系纵向剪开。

2

用根钩将根系从上到下疏松。

3

用修根剪将根的侧面剪掉。

4

准备盆器和盆土。

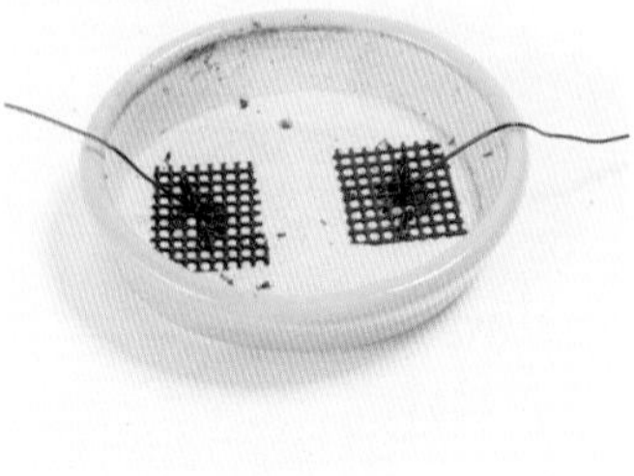

※盆土：8份赤玉土（中粒）、2份河沙混合。

5

用取土铲将盆土铲入盆底，放入树木，继续铲入盆土。

※盆土：8份赤玉土（小粒）、2份河沙混合。

6

捣插镊子（竹签也可），减少盆土之间的缝隙。

7

完成移栽，铺种苔藓。

切芽 6月上旬

1

新芽萌发。

2

用修枝剪剪掉徒长枝。

要诀

藤蔓状植物生长较快，所以要勤修剪。

3

完成切芽。

施肥 6月上旬

1

用金属丝U形卡将4个有机肥料固定在盆的四端。

2

完成施肥。

要诀

如果施肥过量，就长不出红叶。

三角枫

资料

别名：—
分类：槭树科槭属（落叶乔木）
树形：斜干、模样木、分干、丛干、附石等

模样木　高 17 厘米　一阳盆

通过摘芽、修叶修剪出纤细的枝条

三角枫原产于中国大陆、台湾地区。随着四季的变换，可欣赏到从新绿、红叶到落叶等不同形色。树木强健，耐强剪，初学者可以用来练习。想要让枝条长出细枝，关键要勤摘芽、修叶。长成老树后，树干表皮龟裂，斑驳苍劲。

管理要点

放置地点 放于日照、通风良好的地方。夏季要避光，防止叶片晒伤，冬季搬到屋檐下。

浇水 盆土表面干燥后，浇足量的水。夏季，傍晚给叶面喷水。

施肥 施固体肥料。施肥过多会徒长，所以要酌情施肥。

病虫害 注意紫薇星天牛、蚜虫、介壳虫、真菌。

移栽 每2年1次。2～3月适宜移栽。

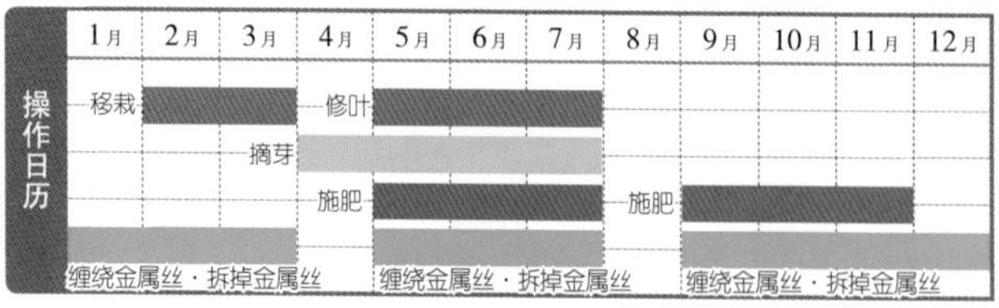

栽入

小盆中

【操作前】3月下旬

【操作后】3月下旬

【操作后】6月中旬

移栽 3月下旬

1 计划栽入大盆内，所以要减少根系。

要诀 根系减少，长势也会变弱，便于管理。

2 用根钩将根系从上到下疏松。

3 用修根剪修剪长根。

4 完成根系修剪。

洗净根系

5 水桶内倒入水，将根洗净，用镊子将苔藓去除，将尘土洗净。

修剪根系

6 找到根系，用叉枝剪剪掉。要分清多余的根和要保留的根。

7 完成根系修剪。

修整根系

8 如果根向上生长，则要缠绕金属丝将其下压。

摘芽 5月中旬

用修枝剪修剪徒长枝。

修叶 6月中旬

1 叶片逐渐长大。

2 用修叶剪将叶片从底部剪掉。

要诀
至少剪去 2/3 叶片。

3 完成修叶。

修剪粗根

9 用叉枝剪剪掉粗根。

10 完成粗根修剪。

11 准备盆器和盆土。

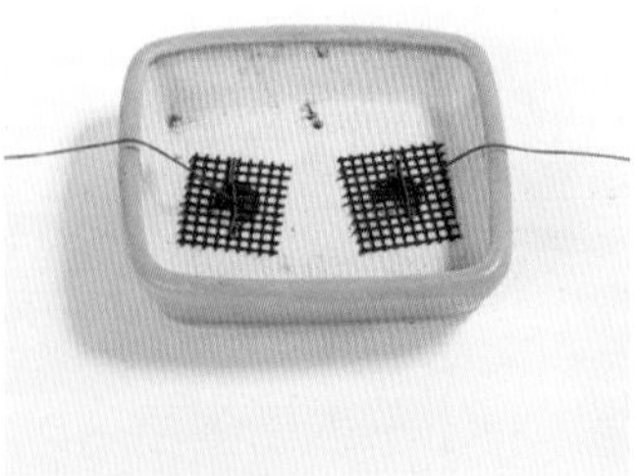

※盆土：8份赤玉土（中粒）、2份河沙混合，另放入1/10的竹炭。

12 完成移栽，铺种苔藓。

榔榆

资料

别名：榆榉
分类：榆科榆属（落叶乔木）
树形：双干、模样木等

斜干 高12厘米 土交盆

短期可塑造出老树感 推荐给初学者

榔榆分布于日本本州中部以西。随着四季的变换，可欣赏到从黄绿色的新芽、黄叶，到寒树等不同之美。树干容易变粗，也容易分叉，短期就能塑造出老树的感觉。勤切芽，可促进分枝。初学者也能轻松培育，轻松地做出小型盆景。

管理要点

放置地点 可以放于日照良好通风的地方，夏季注意防止晒伤叶片。

浇水 树干变粗后，要浇足量的水。可以通过浇水量来控制树木的生长。

施肥 增加施肥的次数。如施肥不足，枝条容易干枯。

病虫害 注意蚜虫、天牛及其幼虫。喷洒杀虫剂预防。

移栽 根系容易缠绕。每年1次。3～4月适宜移栽。

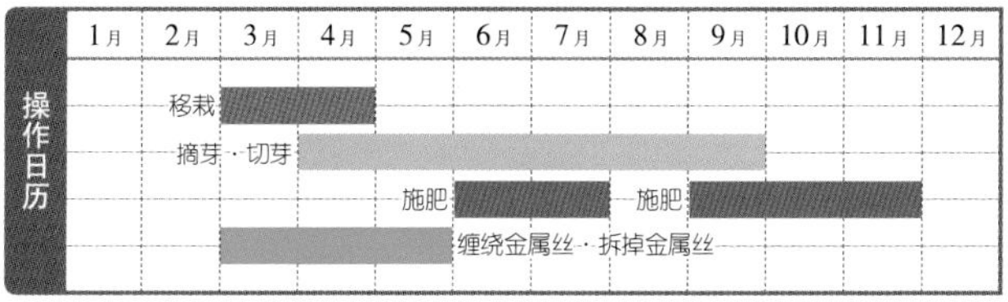

创作

模样木

【操作前】3月上旬

【操作后】3月上旬

【操作后】6月中旬

修剪 3月上旬

1 剪掉多余的枝条。

要诀

用抹刀（竹片也可）将伤口愈合剂涂抹在伤口上。

2 完成修剪。

移栽 3月上旬

1 用根钩将根系从上到下疏松。

2 用修根剪将长根剪掉。

3 完成根系修剪。

4 准备盆器和盆土。

※盆土：8份赤玉土（中粒）、2份河沙混合，另放入1/10的竹炭。

要诀

上方倒入的盆土不用竹炭。否则盆景浸入水桶后，竹炭会浮出水面。

5 用取土铲将盆土铲入盆底。放入树木，继续铲入盆土。

※盆土：8份赤玉土（小粒）、2份河沙混合。

6 用竹签（镊子也可）插入土中，捣实盆土。

7

完成移栽，铺种苔藓。

切芽 5月中旬

1

新芽萌发。

2

用修枝剪将生长过快的芽剪掉。

切芽 6月中旬

1

新芽萌发。

2

用修枝剪将生长过快的芽剪掉。

3

完成切芽。

野漆树

丛干　高 25 厘米　寿悦盆

资料

别名：染山红、山漆、黄栌
分类：漆树科漆属（落叶小乔木）
树形：丛干、模样木、文人木、附石等

叶子绯红迷人
注意容易引发过敏

野漆树分布于日本关东以西的山野。红叶由绿到红颜色渐变，令人惊艳。树干笔直，几乎没有分枝，适合丛干。树干强健，不耐干燥，所以要勤浇水。操作时要戴上手套，防止引发过敏。

操作日历	1月	2月	3月	4月	5月	6月	7月	8月	9月	10月	11月	12月
移栽 / 修叶			移栽			修叶	修叶					
施肥					施肥	施肥						
缠绕金属丝·拆掉金属丝			缠绕金属丝·拆掉金属丝	缠绕金属丝·拆掉金属丝								

管理要点

放置地点 置于日照、通风良好的地方。如置于荫蔽处，容易徒长。

浇水 注意干燥。浇水量和次数因培育方法而异。

施肥 施固体肥料。肥料过多，会影响叶片颜色的渐变。

病虫害 注意蚜虫，喷洒杀菌杀虫剂预防。

移栽 每年1次。丛干时根系容易缠绕。3月适宜移栽。

移栽入浅盆内

【操作前】11月上旬

→

【操作前】4月上旬

→

【操作后】4月上旬

换盆

4月上旬

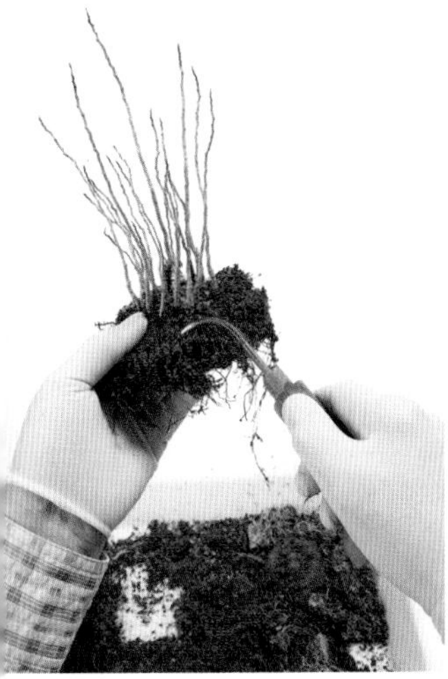

1 用根钩将根系从上到下疏松。

2 用电动喷雾洗净根系。

要诀

如没有电动喷雾，也可以将水管捏紧喷射清洗。

小贴士

戴上手套，预防过敏

野漆树属于漆树，接触树液容易引发过敏。特别是修剪树干、枝条和根系时，注意树体会溢出树液！

操作时，一定要戴上薄手套。

3 洗净根系。

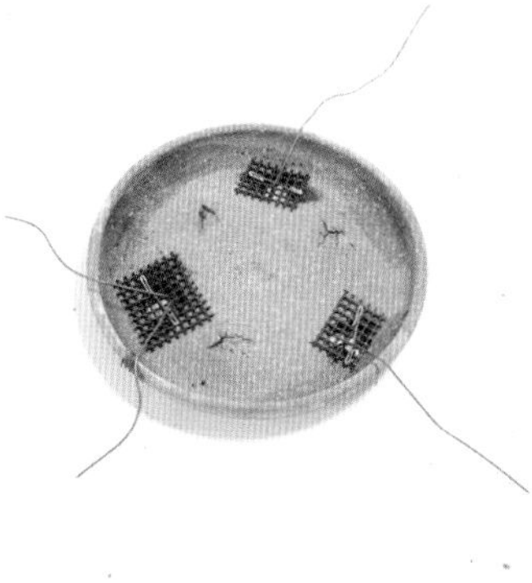

4 准备盆器和盆土。

※盆土：8份赤玉土（中粒）、2份河沙混合。

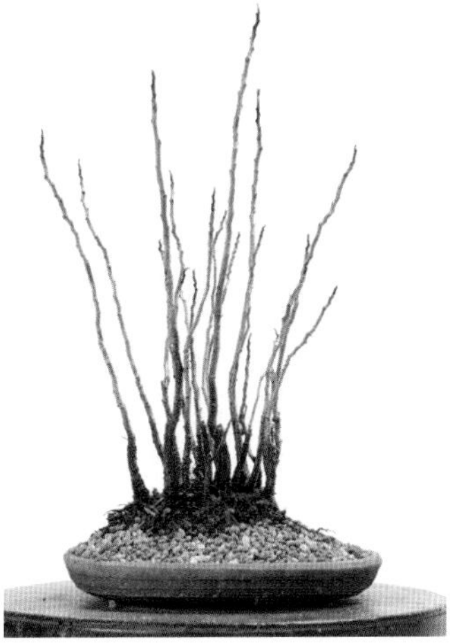

5 完成移栽。

修剪 4月上旬

1 用修枝剪将多余的小树干剪掉。

2 完成修剪。

蟠扎·整枝 4月上旬

1 将每根枝条都缠上金属丝，予以整枝。

2 完成蟠扎、整枝。

3 完成移栽，铺种苔藓。

4 新芽萌发。

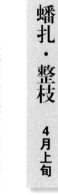

单体蕊紫茎

丛干　高 14 厘米　服部盆

资料

别名：姬沙罗
分类：山茶科紫茎属（落叶乔木）
树形：斜干、模样木、丛干、分干等

树干多年渐变
从淡黄色到红褐色

单体蕊紫茎是高山树木。它要比红山紫茎更小，适合制作盆景。如丛干，约3年就能做出小树丛生的感觉。树干别具特色，小树呈淡黄色，老树则变成了红褐色。随着四季的变换，可欣赏到绿梢、山茶花般的小花、红叶之美。

操作日历	1月	2月	3月	4月	5月	6月	7月	8月	9月	10月	11月	12月
		移栽	移栽	移栽		修叶	修叶					
				切芽	切芽	切芽	切芽					
					施肥	施肥			施肥	施肥		
		缠绕金属丝·拆掉金属丝	缠绕金属丝·拆掉金属丝	缠绕金属丝·拆掉金属丝	缠绕金属丝·拆掉金属丝	缠绕金属丝·拆掉金属丝						

管理要点

放置地点　放于半阴至荫蔽处。夏季要避光，冬季搬到日晒良好的屋檐下。

浇水　盆土表面干燥后，浇足量的水。浇水过多，注意容易徒长。

施肥　施固体肥料。施肥过多，树皮容易龟裂。

病虫害　注意介壳虫。可多通风预防。

移栽　每2～3年1次。2月中旬至4月中旬适宜移栽。

创作　丛干

【操作前】2月中旬

【操作后】2月中旬

【操作后】6月中旬

移栽 2月中旬

1 准备盆器。

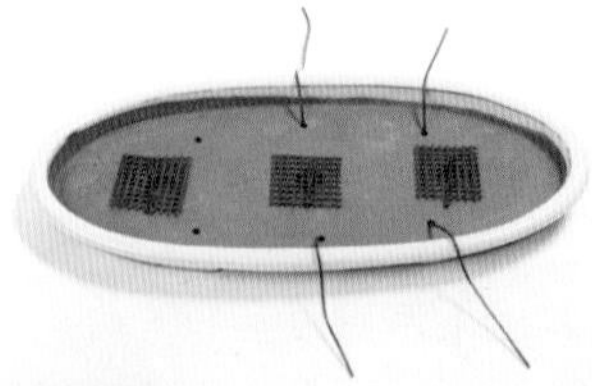

要诀

树木移栽在右方，所以左方的孔洞无需串金属丝。

2 用根钩将根系松开，用修根剪将根系横向剪掉。

3 用取土铲将盆土铲入盆底，将树木栽于右方。

※盆土：赤玉土（中粒）。

4 用钳子将金属丝两两拧紧，固定住树木。

修剪 2月中旬

用修枝剪将前一年修剪的枝条再次剪短，让枝条更清爽。

蟠扎·整枝 2月中旬

1 将每根枝条都缠上金属丝。

要诀

弯曲每根枝条时，要注意整体协调。

2 将树干伸展开来，予以整枝。

3 完成蟠扎、整枝。

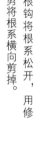

※盆土：赤玉土（小粒）

5

用取土铲将盆土从上方倒入，插入镊子（竹签也可），捣实盆土。

6

用喷雾器喷洒水雾。

铺种水苔后，铺种苔藓

2月中旬

1

将放入水中浸泡过的水苔轻轻拧干，再用修根剪剪碎。

2

用镊子夹住水苔放在土上。

3

用手指轻轻按压水苔。

4

边喷雾，边用手指按压，让水苔固定。

5

用修枝剪将水苔顶部剪小、剪薄。

要诀

苔藓容易被水浇散，所以要先铺上水苔，再铺种苔藓。

6

用修枝剪夹起苔藓，放在水苔上。

7 用手指轻轻按压苔藓，使其固定。

8 喷洒苔藓和盆器。

要诀

喷洒水分，清理苔藓，使其与盆土更贴合，同时清理盆器的污迹。

9 完成铺种苔藓。

切芽 5月中旬

1 新芽萌发。

2 用修枝剪剪掉生长过快的芽。

3 完成切芽。

切芽 6月中旬

1 用修枝剪剪掉生长过快的芽。

2 完成切芽。

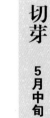

山毛榉

丛干　高 23 厘米　服部盆

资料

别名：让叶
分类：山毛榉科山毛榉属（落叶乔木）
树形：直干、斜干、模样木、分干、丛干等

树干雪白光洁 叶色应季渐变，十分有趣

山毛榉遍布日本各地，属高山树木。在新芽萌发前，枯叶会一直挂在树上。长成老树后，树干雪白光洁。随着季节的变换，可欣赏到叶片由绿色，到黄、橙、褐色等色彩之美。树干很快便能变粗，直干、模样木等盆景短期内便能成形。

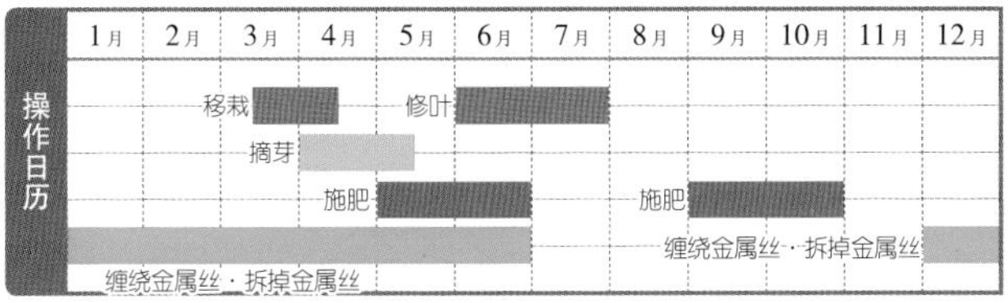

管理要点

放置地点 放于日照、通风良好的地方。夏季要用遮光网避光，冬季要搬到屋檐下。

浇水 喜水。夏季注意预防缺水，傍晚给叶面喷水。

施肥 施固体肥料。施肥过多，会扰乱树形。

病虫害 注意蚜虫、天牛。

移栽 每2年1次。3～4月适宜移栽。

栽入

椭圆盆内

【操作前】4月上旬

【操作后】4月上旬

【操作后】5月中旬

移栽 4月上旬

1 用根钩将根系从上到下疏松，用修根剪将长根剪掉。

2 准备盆器和盆土。

※盆土：8份赤玉土（中粒）、2份河沙混合。

3 完成移栽，铺种苔藓。

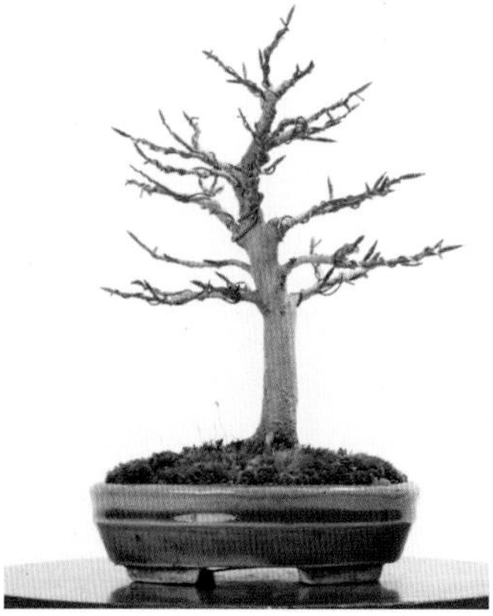

修剪 4月上旬

用镊子将从枝条底部长出的侧芽摘掉。

要诀

如放任新芽生长，枝条会变粗，所以要尽早摘掉。

蟠扎·整枝 4月上旬

1 将每根枝条都缠上金属丝，予以整枝。

2 完成蟠扎、整枝。

枫树

资料

别名：槭树
分类：槭树科槭树属（落叶乔木、落叶灌木）
树形：模样木、分干、悬崖、丛干、附石等

山红叶枫　模样木　高 18 厘米　黄钧釉圆盆

观叶的经典树种 一年四季皆各具特色

在盆景界中，叶片深裂为五瓣以上的树木称为“枫树”；叶子浅裂为两瓣的称为“槭树”。其中，山红叶枫树木强健，便于制作盆景。随着四季的变换，可欣赏到从萌芽，到绿叶、红叶、寒树等不同之美。园艺品种数量众多，叶片纤细、绿枝垂落的品种更受欢迎。

管理要点

放置地点 放于日照、通风良好的地方。夏季盖遮光网，冬季搬到日照良好的屋檐下。

浇水 盆土表面干燥后，浇足量的水。夏季注意预防缺水，傍晚给叶面喷水。

施肥 施固体肥料。施肥过多，枝条容易变粗。

病虫害 注意蚜虫、真菌。可摘叶和疏枝，以利通风。

移栽 每2～3年1次。2～3月适宜移栽。

青枝垂枫树　半悬崖
高 26 厘米　宽 38 厘米　紫胜盆

操作日历

操作	1月	2月	3月	4月	5月	6月	7月	8月	9月	10月	11月	12月
移栽		■	■									
修叶						■						
摘芽·切芽				■	■							
施肥					■					■		
缠绕金属丝·拆掉金属丝		■	■	■	■	■	■					

修整　树形

【操作前】4月中旬

→

【操作后】4月中旬

摘芽　4月中旬

1 用镊子将生长过快的芽摘掉。

要诀

这种枝条也称为“利枝”，即用金属丝缠满，可以加以利用的枝条。

2 用镊子将小芽摘掉。

蟠扎・整枝　4月中旬

1 将每根枝条都缠上金属丝，予以整枝。

要诀

在新叶时蟠扎。枝条笔直，所以要将枝条弯曲。

2 完成蟠扎、整枝。

要诀

新芽继续生长，所以春季要反复摘芽、蟠扎、整枝3~4次。

创作 斜干

【操作前】4月下旬

→

【操作后】4月下旬

处理伤口 4月下旬

1 用嫁接刀（锋利的刀子）将较大的切口削平。

2 切口涂抹墨汁（伤口愈合剂）。

要诀

修剪枫树时，切口要涂抹伤口愈合剂。伤口慢慢愈合，会向上隆起形成树瘤，需要再次削平。

修剪 4月下旬

1 用修枝剪将部分过密的枝条剪掉。

2 完成修剪。

蟠扎·整枝 4月下旬

1 将每根枝条都缠上金属丝，将枝条下压。

2 完成蟠扎、整枝。

移栽 4月下旬

※本来要在2～3月移栽。

1 用修根剪将根系上部剪掉。

2 用修根剪将根系横向剪掉。

3 完成根系修剪。

4 准备盆器和盆土。

※盆土：8份赤玉土（中粒）、2份河沙混合。

※盆土：8份赤玉土（小粒）、2份河沙混合。

5 用取土铲将盆土从上方倒入。

6 插入镊子（竹签也可），捣实盆土之间的缝隙。

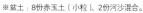

7

完成移栽，铺种苔藓。

切芽 5月中旬

1

新芽萌发。

2

用修枝剪将生长过快的芽剪掉。

蟠扎·整枝 5月中旬

1

新芽缠上金属丝。

2

完成蟠扎、整枝。

修叶 6月上旬

1

新叶伸展开来。

2

用修叶剪从叶片底部稍微往下处剪。

3

完成修叶。

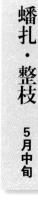

分干　高 21 厘米　静和盆

马醉木

资料

别名：梫木
分类：杜鹃花科马醉木属（常绿灌木）
树形：分干等

花朵如吊钟般可爱 朵朵成串盛开

马醉木原产于日本或喜马拉雅。叶片和茎含有马醉木毒素，马食用之后如喝醉一样，因此得名。新芽颜色艳红，即使到冬天也不会落叶。花形和吊钟花类似，有红色、桃红色、白色等多种颜色。

管理要点

放置地点 放于日照、通风良好的地方。虽然放于荫蔽处也能培育，但会影响开花。

浇水 在生长期的春季至秋季，浇足量的水。

施肥 施固体肥料。

病虫害 注意网蝽、卷蛾。

移栽 每2年1次。3～4月中旬适宜移栽。

操作日历	1月	2月	3月	4月	5月	6月	7月	8月	9月	10月	11月	12月
移栽			■	■					■	■		
施肥				■	■	■			■	■		
缠绕金属丝·拆掉金属丝						■						

移栽入衬托花色的盆内

【操作前】3月上旬

→

【操作后】3月上旬

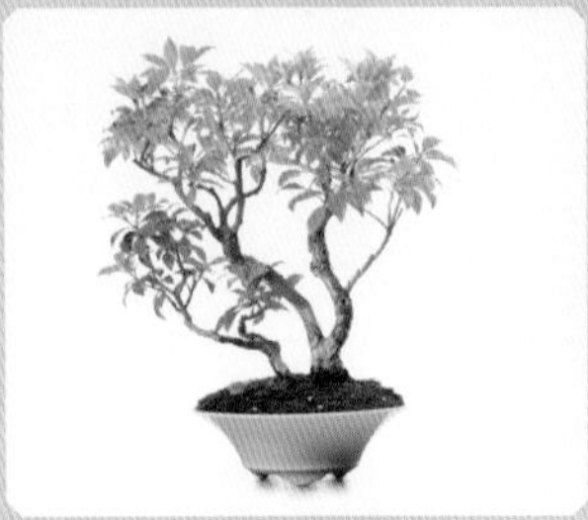

修剪 3月上旬

1 用修枝剪将枯萎的小枝剪掉。

2 用修枝剪将多余的枝条剪掉。

3 完成修剪。

移栽 3月上旬

1 用根钩将根系从上到下松开，用修根剪将长根剪掉。

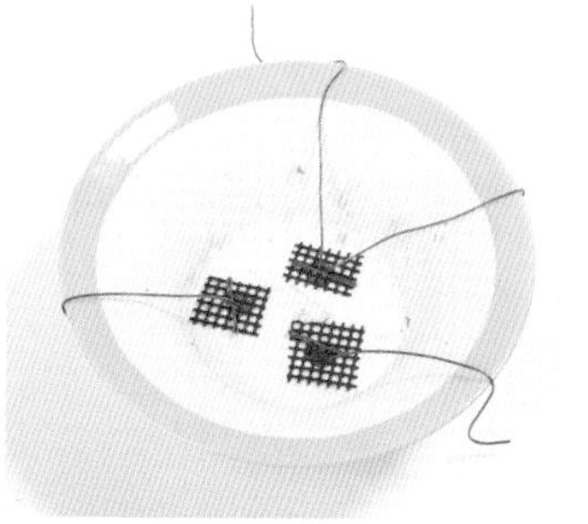

2 准备盆器和盆土。

※盆土：8份赤玉土（中粒）、2份河沙混合，另放入1/10的竹炭。

要诀

上方盆土不放竹炭，否则盆景浸入水桶后，竹炭会浮出水面。

3 用取土铲将盆土铲入盆内。

※盆土：8份赤玉土（小粒）、2份河沙混合。

4 完成移栽，铺种苔藓。

小贴士

促花秘诀

在新芽的尖端，会形成花蕾。为了保持树形的轮廓，只需剪掉过长的枝条，之后就不用修剪了。

钻地风

资料

别名:—
分类：虎耳草科钻地风属（藤蔓状落叶木）
树形：斜干、模样木、悬崖等

6 月上旬开花

半悬崖　高 13 厘米　宽 20 厘米　日本盆

攀附于岩石或树木盛开清丽的白色小花

钻地风遍布于日本山地，攀附于岩石或树木。从茎部长出气生根，再慢慢长大。虽然属于藤蔓，但树干会变粗，可制作盆景。也可以扦插或压根。进入6月，会开满绣球花般的白色小花。

管理要点

放置地点 放于日照良好的地点。夏季放于半阴处，防止叶子晒伤。冬季搬到屋檐下。

浇水 浇足量的水。喜湿。夏季傍晚给叶面喷水。

施肥 施固体肥料。

病虫害 几乎没有。

移栽 每2年1次。3～4月中旬适宜移栽。

操作日历

	1月	2月	3月	4月	5月	6月	7月	8月	9月	10月	11月	12月
移栽			■	■								
扦插						■						
施肥					■	■			■	■		
缠绕金属丝…拆掉金属丝	缠绕金属丝	缠绕金属丝		■	■	■	■					

创作　半悬崖

【操作前】11月上旬

→

【操作前】4月上旬

→

【操作后】4月上旬

→

【操作后】4月下旬

蟠扎·整枝 4月上旬

1 将每根枝条都缠上金属丝，予以整枝。

2 完成蟠扎、整枝。

移栽 4月上旬

1 用根钩将根系从上到下松开。

2 根系已松开。

3 准备盆器和盆土。

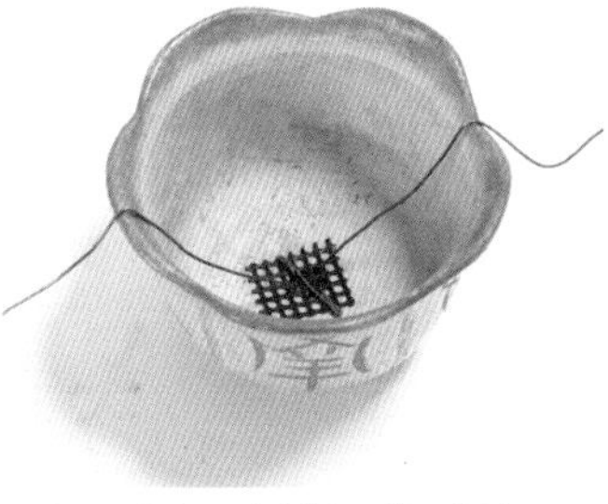

※盆土：8份赤玉土（中粒）、2份河沙混合。

4 完成移栽，铺种苔藓。

小贴士

促花秘诀

夏季放于半阴处。如果叶子被晒伤，树木就会流失养分，不能顺利萌发新芽，影响开花。

梅花

资料

别名：—
分类：蔷薇科杏属（落叶乔木）
树形：模样木、斜干、文人木、半悬崖等

悬崖　高 30 厘米　宽 56 厘米　海鼠釉盆

树干敦厚苍老
花朵娇小可人

梅花原产于中国。自日本万叶时代以来，其清丽的花朵一直受到人们喜爱。冬季万花凋落，偏偏一梅独傲，香气芬芳。树干历经沧桑岁月，呈现老树的模样，和娇小可人的小花对比鲜明，撩拨了众人的心弦。开花后立刻修剪枝条，注意不要剪掉来年的花芽。

管理要点

放置地点 放于日照、通风良好的地方。

浇水 盆土表面干燥后，浇足量的水。6～8月中旬，花芽开始生长，要减少浇水。

施肥 施固体肥料。

病虫害 注意蚜虫、介壳虫、黑星病。

移栽 每2～3年1次。2～3月、9～10月适宜移栽。

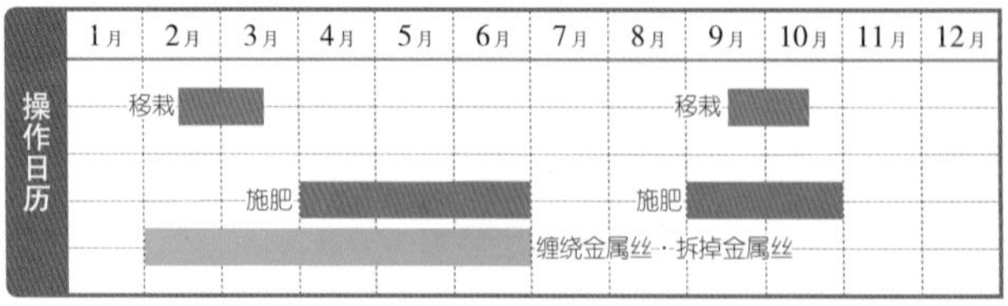

移栽入盆景盆

【操作前】2月中旬

【操作后】2月中旬

【操作后】6月上旬

摘花 2月中旬

开花到七八成时用镊子将所有的花朵摘下。

修剪 2月中旬

要诀

修剪立枝，这样能抑制树高。

1 用修枝剪剪掉多余的立枝，枝条尖端也要修剪。

2 用叉枝剪将旧伤（之前切过的痕迹）剪掉。

蟠扎·整枝 2月中旬

要诀

如果弯曲梅花枝条时用力过猛，容易折断枝条。

1 枝条缠上金属丝，注意小心整枝。

2 完成蟠扎、整枝。

3 用抹刀（竹片也可）将伤口愈合剂涂抹于伤口。

移栽 2月中旬

1 用根钩将根系上部松开。

2 用根钩将根系下部松开。

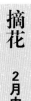

3

根系疏松开来。

4

用修根剪修剪长根。

5

完成根系修剪。

6

用刷子清理根基。

要诀

埋入土中的部分沾染了污迹，所以要将移栽后露出的部分清理干净。

7

准备盆器和盆土。

※盆土：8份赤玉土（中粒）、2份河沙2混合，另放入1/10的竹炭。

8

用取土铲将盆土倒入盆底，放入树木。再用取土铲将盆土从上方倒入盆内。

要诀

上方盆土不放竹炭，否则盆景浸入水桶后，竹炭会浮出水面。

※盆土：8份赤玉土（小粒）、2份河沙混合。

9

插入竹签（镊子也可），捣实盆土。

10

用钳子将金属丝拧在一处，固定住树木。

11

用尖嘴钳将剩余的金属丝剪掉。

12

用取土铲将盆土从上方倒入盆内。

※盆土：8份赤玉土（小粒）、2份河沙混合。

13

水桶内倒满水，将盆器浸入水中，直到水接近盆器上部，让盆景吸收水分，然后沥干。

14

完成移栽，铺种苔藓。

枝条底部修叶

6月上旬

1

叶片逐渐长大。

要诀

这是梅花特有的步骤。开花后难以萌发新芽，所以要减少花芽，促进叶芽的生长。

2

用修叶剪将枝条底部的2片叶片剪掉。

蟠扎·整枝

6月上旬

要诀

梅花枝条笔直，所以要略微弯曲枝条。

1

将新梢缠上金属丝，予以整枝。

2

完成蟠扎、整枝。

※促花秘诀：摘掉新芽的尖端，抑制新芽的生长。4月左右新芽生长，将每根枝条分出5～6根枝，6～7月萌发花芽。

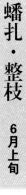

旌节花

资料

别名：木五倍子
分类：旌节花科旌节花属（落叶灌木）
树形：模样木、文人木、悬崖等

斜干　高25厘米　中国盆

操作日历

	1月	2月	3月	4月	5月	6月	7月	8月	9月	10月	11月	12月
移栽			■									
摘芽				■								
施肥				■	■	■			■	■		
缠绕金属丝·拆掉金属丝	■	■	■	■	■	■						■

淡黄色的花穗低垂 昭示着初春的到来

旌节花原产于日本。树木强健，便于培育。到了秋季，花序（花蕾）低垂，直接过冬；到了初春，可爱的小花先于叶子盛开。雌雄异株，花穗生长到7～8厘米的是雌花。随着四季的变换，除了开花以外，还能欣赏到萌芽、新绿、红叶等不同之美。

管理要点

放置地点 放于日照、通风良好的地方。夏季避免西晒，冬季要搬到屋檐下。

浇水 喜水。盆土表面干燥后，浇足量的水。栽入深盆时，夏季要将盆景浸入水中。

施肥 施固体肥料。

病虫害 注意介壳虫。

移栽 每1～2年1次。3月适宜移栽。

修整 树形

【操作前】11月上旬

→

【操作前】3月上旬

→

【操作后】3月上旬

→

【操作后】6月中旬

蟠扎・整枝 3月上旬

1 每根枝条都缠上金属丝，予以整枝。

2 完成蟠扎、整枝，铺种苔藓。

小贴士

促花秘诀

将新芽的尖端摘掉，施含磷钾的固体肥料。进入6月中旬，就能萌发来年的花芽。

伤口处理 3月上旬

1 树木有旧伤口。

2 用嫁接刀将旧伤口削平。

要诀

削平后，最好立即处理伤口。如果置之不理，伤口容易腐烂。

3 用抹刀（竹片也可）将伤口愈合剂涂抹在伤口上。

6 月上旬开花

金露梅

资料

别名：—
分类：蔷薇科委陵菜属（落叶灌木）
树形：模样木、分干、悬崖等

模样木　高 15 厘米　祝峰盆

如梅花般的花朵色泽鲜亮美艳

金露梅分布于北半球。花形如同梅花，因而得名。在国外常常培育成园艺品种，种类丰富。花色有黄色、白色，还有淡粉色，一般在1个月内陆续开花。落叶后打磨树干，让树干呈现光泽。

管理要点

放置地点 放于日照、通风较好的地方。耐寒，可经受住积雪。

浇水 盆土表面干燥后，浇足量的水。夏季多潮湿，注意不要引起根系腐烂。

施肥 施固体肥料。

病虫害 注意蚜虫、螟蛾。

移栽 每2年1次。3月、10月适宜移栽。

操作日历	1月	2月	3月	4月	5月	6月	7月	8月	9月	10月	11月	12月
移栽			●							●		
摘芽				●	●	●						
施肥				●	●	●			●	●		
缠绕金属丝·拆掉金属丝	●	●			●	●						●

移栽入适合树形的盆内

【操作前】3月下旬

【操作后】3月下旬

【操作后】5月中旬

移栽 3月下旬

1 用修根剪将根系横向剪掉。

2 完成根系修剪。

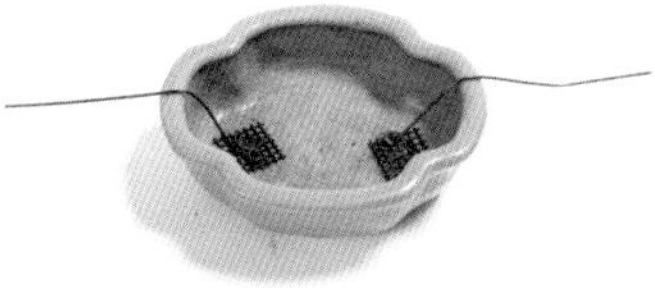

3 准备盆器和盆土。

※盆土：8份赤玉土（中粒）、2份河沙混合，另放入1/10的竹炭。

4 完成移栽，铺种苔藓。

※促花秘诀：花朵盛开在新芽的尖端。自开花前的4月开始，多施含磷钾的固体肥料。

清理枝干 3月下旬

1 用刷子清理树干和枝条上的老树皮。

2 用刷子清理完成。

3 用高压水枪（也可将水管尖端捏细）冲洗树干。

4 用高压水枪清理完成。

樱花

资料

别名:—
分类：蔷薇科樱属（落叶乔木）
树形：模样木、斜干、文人木等

在日本象征春天 花朵华丽，备受喜爱

在日本象征春天的樱花，约有200个品种。图片中的鸳鸯樱，因并蒂开花而得名。樱花盆景，关键在于树木的老树感。枝条自由展开，努力向外伸展。2～3月开花的寒樱也颇受人喜爱。

鸳鸯樱　模样木　高25厘米　和心盆

十月樱

云龙樱

管理要点

放置地点 放于日照、通风良好的地方。夏季避免西晒，冬季搬到屋檐下。

浇水 不耐干燥。如果缺水，恢复慢。浇水过多，会影响开花。

施肥 施固体肥料。

病虫害 注意蚜虫、毛虫、介壳虫、果树根癌病。

移栽 每2年1次。3月上旬至4月中旬、9月适宜移栽。

操作日历

	1月	2月	3月	4月	5月	6月	7月	8月	9月	10月	11月	12月
移栽			■	■					■			
摘芽				■	■							
施肥				■	■	■			■	■	■	
缠绕金属丝·拆掉金属丝			■	■	■	■						

修整　风吹

【操作前】3月上旬

→

【操作后】3月上旬

蟠扎・整枝 3月上旬

1 将每根枝条都缠上金属丝。

要诀
将枝条弯曲，树形变得优雅美丽。

2 将笔直的枝条弯曲。

3 完成蟠扎、整枝。

移栽 3月上旬

要诀
先将缠绕在一起的根系剪掉，这样便于疏松。

1 用修根剪将根系纵向剪掉。

2 用根钩将根系从上到下松开。

3 用修根剪将长根剪掉。

4 完成根系修剪。

5 准备盆器和盆土。

※盆土：8份赤玉土（中粒）、2份河沙混合后，另放入1/10的竹炭。

蟠扎·整枝

5月中旬

1 新芽萌发。

2 将新梢缠上金属丝，使枝条弯曲。

要诀

减缓枝条生长，也有促进花芽分叉的作用。

3 完成蟠扎、整枝。

要诀

到来年的花期之前，都可以放任不管。叶片呈现黄色时，要多施肥，让叶片变绿。

6 用取土铲将盆土倒入盆底。用钳子将金属丝拧到一起，以固定树木。

7 用取土铲将盆土从上方倒入盆内。

要诀

上方盆土不放竹炭，否则盆景浸入水桶后，竹炭会浮出水面。

※盆土：8份赤玉土（小粒）、2份河沙混合。

8 插入竹签（镊子也可），捣实盆土之间的缝隙。

9 完成移栽，铺种苔藓。

小贴士

促花秘诀

1　如果将樱花修剪过短，花芽就不能萌发。因此等新梢长出5片叶子后，再进行摘芽。

2　无需修叶。

3　施肥过多的话会导致再次萌芽，花芽就不会生长。

石榴

资料

别名：安石榴、若榴木
分类：石榴科石榴属（落叶中乔木）
树形：模样木、半悬崖等

模样木 高 13 厘米 庆心盆

花朵鲜艳亮丽 扭转树干，颇具魄力

石榴原产于伊朗高原至阿富汗地区。随着四季的变换，可欣赏到萌芽、开花、黄叶等不同之美。园艺品种很多，矮生种、一岁品种、扭干石榴都十分有名。本书中介绍的扭干石榴，不仅花朵，其扭转的落叶寒树也颇具魄力。有些品种小树也能结果，十分迷人。

管理要点

放置地点 放于日照、通风良好的地方。夏季避开西晒，冬季搬到屋檐下。

浇水 喜干燥。注意避免根系腐烂。

施肥 施固体肥料。

病虫害 注意蚜虫、卷叶蛾、介壳虫、蓟马。

移栽 每2年1次。3月中旬至4月中旬适宜移栽。

操作日历

操作	1月	2月	3月	4月	5月	6月	7月	8月	9月	10月	11月	12月
移栽			■	■								
扦插						■						
摘芽・切芽				■	■	■						
施肥				■	■	■	■		■	■		
缠绕金属丝・拆掉金属丝						■	■					

栽入

平盆内

【操作前】3月下旬

【操作后】3月下旬

【操作后】6月上旬

移栽 3月下旬

1 用修根剪将长出滤网的根系剪掉。

要诀

种在滤网中，这样根系就不会缠绕，也不会堵在一起。

2 用根钩将根系从上到下松开，用修根剪将长根剪掉。

3 准备盆器和盆土。

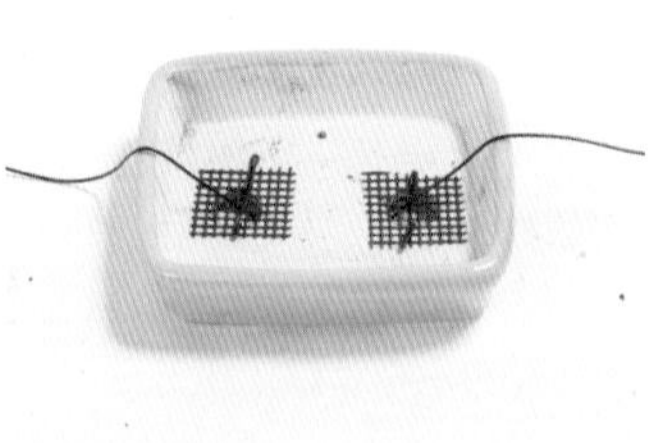

※盆土：8份赤玉土（中粒）、2份河沙混合，另放入1/10的竹炭。

4 完成移栽，铺种苔藓。

摘芽 5月中旬

1 新芽萌发。

2 用修叶剪将生长过快的芽剪掉。

切芽 6月上旬

1 用修枝剪将生长过快的芽剪掉。

2 完成切芽。

※促花秘诀：摘掉新芽尖端，施含磷钾的固体肥料。

杜鹃

资料

别名：皋月杜鹃
分类：杜鹃花科杜鹃花属（常绿灌木）
树形：直干、双干、文人木、悬崖、丛干等

松波

模样木　高 20 厘米　日本盆

颇受众人喜爱 花朵种类丰富

杜鹃分布于日本关东以西、九州南部以南，长于沿河或湖边的岩壁上。花朵分为单瓣和重瓣，色彩丰富，园艺品种超过1000种。杜鹃耐刀痕，树干容易变粗，也便于修整树形。图片中的松波，可开出三四种花。

管理要点

放置地点　放于日照良好的地方。夏季避免西晒，冬季搬到屋檐下。

浇水　喜水。注意预防缺水。

施肥　施固体肥料。

病虫害　注意网蝽。叶子褪色时，可喷洒药剂。

移栽　每2年1次。3月、6月中旬至下旬适宜移栽。

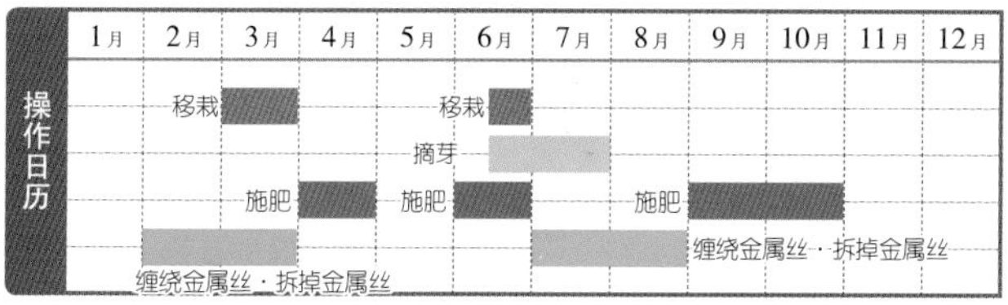

创作 模样木

【操作前】2月中旬

【操作后】2月中旬

【操作后】6月中旬

蟠扎·整枝

2月中旬

1 将每根枝条都缠上金属丝，予以整枝。

2 完成蟠扎、整枝。

移栽

2月中旬

※本来要在3月移栽。

1 用根钩将根系稍微疏松，用修根剪纵向剪成＜形。

要诀

杜鹃根系纤细浓密，一定要用修根剪剪掉。

2 完成根系修剪。

修剪

2月中旬

1 用修枝剪（细刃修枝剪）将枝条从底部剪掉。

2 将切口断面削平。

3 完成修剪。

4 用抹刀（竹片也可）涂抹伤口愈合剂在切口上。

3 准备盆器和盆土。用取土铲将盆土倒入盆底，放入树木。

※盆土：鹿沼土（中粒）。

4 用取土铲将盆土从上方倒入盆内，插入竹片（镊子也可），捣实盆土之间的缝隙。

铺种水苔 2月中旬

1 将水苔浸入水中，拧成绳状。

2 将水苔放在根底部，用手指轻轻按压，使其固定。

3 将金属丝弯成U形，固定水苔。

4 完成移栽。

修剪 4月下旬

1 新芽萌发。

2 用修枝剪将新芽剪掉。

要诀

剪掉新芽，可以促进小枝条的生长。

3

完成修剪。

摘芽

6月中旬

1

新芽萌发。

2

剪掉从根底萌发的不定芽。

要诀

杜鹃或玫瑰会从根底萌发出多余的芽（不定芽）。尽早摘掉，以免留下伤痕。

3

用镊子将从根底萌发的不定芽摘掉。

4

用镊子摘掉生长过快的芽。

5

完成摘芽。

※促花的秘诀：勤加消毒（杀虫・杀菌）。6～11月，每月喷洒2次。

山茱萸

资料

别名：山萸肉、肉枣
分类：山茱萸科山茱萸属（落叶乔木）
树形：模样木、分干等

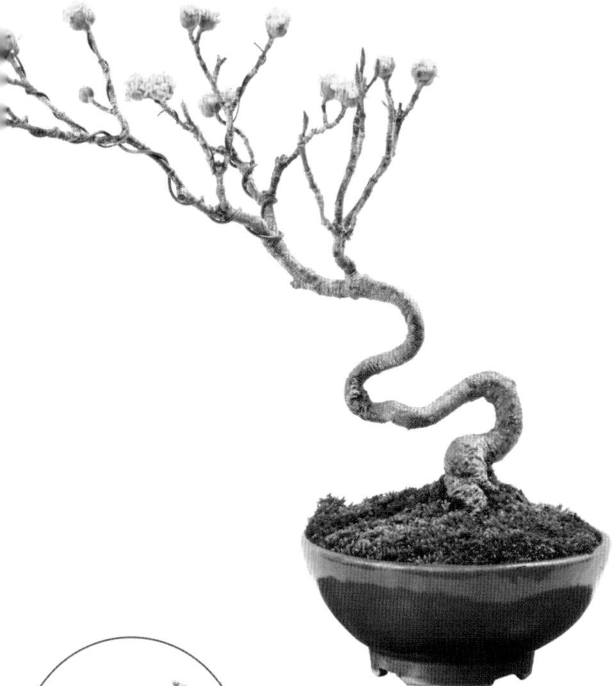

模样木　高 17 厘米　东盆

昭示着春天的到来 金黄的小花熠熠生辉

山茱萸原产于中国、朝鲜。在萌发新芽前，枝条上会开满黄色的小花，也被称为“春黄金花”。初春的花卉，不知为何大多是黄色。秋天会结出椭圆形的红色果实，也被称为“秋珊瑚”。树木强健，耐刀痕，长出纤细的小枝条，外形动人。

3 月上旬，每根枝条缠上金属丝，予以整枝。

管理要点

放置地点 放于日照、通风良好的地方。

浇水 盆土表面干燥后，浇足量的水。注意预防缺水。

施肥 施固体肥料。

病虫害 注意褐边绿刺蛾。

移栽 每2年1次。4月中旬适宜移栽。

操作日历	1月	2月	3月	4月	5月	6月	7月	8月	9月	10月	11月	12月
移栽				■								
施肥				■		■			■	■		
缠绕金属丝·拆掉金属丝			■	■	■	■	■	■				

※促花秘诀：摘掉新芽的尖端，施含磷钾的固体肥料。

换盆到适合花色的盆内

【操作前】11月上旬

【操作前】3月上旬

【操作后】3月上旬

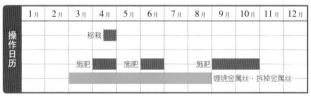

茶树

资料

别名:—
分类:山茶科山茶属(常绿灌木)
树形:悬崖、分干、斜干等

悬崖　高 18 厘米　左右 26 厘米　中国盆

大朵圆圆的白花以少胜多

茶树原产于中国。叶子可加工成茶叶。圆圆的白色花朵,与鲜艳的黄色雄蕊对比鲜明。制作盆景时,减少花的数量,让整体协调统一。树木不耐寒,所以要回温后再移栽。

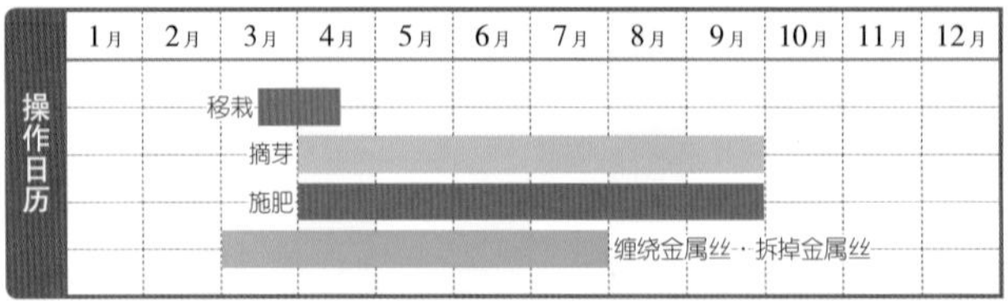

管理要点

放置地点 放于日照、通风良好的地方。新芽萌发时,要注意晚霜。

浇水 盆土表面干燥后,浇足量的水。

施肥 多施固体肥料。

病虫害 注意白纹羽病、茶毒蛾(幼虫)。

移栽 每2年1次。3月中旬至4月中旬适宜移栽。

修整

悬崖

【操作前】4月中旬

→

【操作后】4月中旬

→

【操作后】5月中旬

修叶 4月中旬

要诀
常绿阔叶树要修叶。上部的叶片长势较强，修叶是为了萌芽均匀。

1 用修叶剪将叶片从底部剪掉。

2 完成修叶。

蟠扎·整枝 4月中旬

1 将每根枝条都缠上金属丝，予以整枝。

2 完成蟠扎、整枝。

移栽 4月中旬

1 用根钩将根系从上到下松开，用修根剪将长根剪掉。

2 完成移栽，铺种苔藓。

※盆土：8份赤玉土（中粒）、2份河沙混合。

※促花秘诀：摘掉新芽的尖端，多施含磷钾的固体肥料。

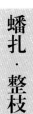

贴梗海棠

白花

资料

别名：长寿梅
分类：蔷薇科木瓜属（落叶灌木）
树形：斜干、模样木、分干、悬崖、附石等

红花

模样木　高 17 厘米　月香木瓜盆

枝干形同老树 娇小花朵四季盛开

贴梗海棠原产于日本，较可靠的说法，为日本木瓜的变种。树木较矮，四季开花，冬季也有花可赏，因此常常出现在冬季的展览会上。花色分红色、白色，盆景用多以红色为主。枝条细密分叉，萌芽力十分旺盛，初学者也能轻松地培育。

操作日历

	1月	2月	3月	4月	5月	6月	7月	8月	9月	10月	11月	12月
移栽			■	■		■	■		■			
修叶						■	■					
施肥				■	■	■	■	■	■			
缠绕金属丝·拆掉金属丝					■	■	■					

管理要点

放置地点 放于日照、通风良好的地方。夏季避免西晒，冬季搬到屋檐下。

浇水 不耐干旱。盆土表面干燥后，可浇水。

施肥 施固体肥料。

病虫害 注意蚜虫、介壳虫、果树根癌病。

移栽 每2年1次。3～4月、6～7月、9月适宜移栽。

移栽

适合树形的盆内

【操作前】3月上旬

→

【操作后】3月上旬

移栽 3月上旬

1 用修根剪将长根剪掉。栽入较大的盆器时，要继续横向对半剪开。

要诀
贴梗海棠容易患果树根癌病。

2 如果根系生瘤，用修根剪剪掉。

要诀
药水：取一个水桶（容量10升），倒水到七八分满，再倒入约两盖药剂（农用硫酸链霉素）。

3 将树木整个浸入药水中，静置1～2小时，沥干水分。

※盆土：8份赤玉土（中粒）、2份河沙混合，另放入1/10的竹炭。

4 准备盆器和盆土。

要诀
上方倒入的盆土，不放竹炭，否则盆景浸入水桶后，竹炭会浮出水面。

※盆土：8份赤玉土（小粒）、2份河沙混合。

5 用取土铲将盆土倒入盆内。

6 插入竹签（镊子也可），捣实盆土间的缝隙。

7 再次将树木整个浸入步骤3的药水，静置1～2小时，沥干水分。

8 完成移栽，铺种苔藓。

修整模样木

地栽增粗的树木（已栽入盆中2年）

【操作前】6月上旬

→

【操作后】6月上旬

修剪

6月上旬

1 用修枝剪将树干下方生出的芽剪掉，让树干清爽。

要诀

贴梗海棠经常发芽，所以要勤修剪。

2 完成修剪。

3 用修枝剪剪掉徒长枝。

4 完成修剪。

整枝 6月上旬

1 边用镊子按压枝条，边将枝条弯成锐角。

2 完成整枝。

移栽 6月上旬

1 用根钩将根系从上到下松开。

2 用修枝剪将长根剪掉。

修叶 6月上旬

1 用修叶剪将叶子从底部剪掉。

2 完成修叶。

蟠扎 6月上旬

1 将每根枝条都缠上金属丝。

2 完成蟠扎。

3

用叉枝剪剪掉主根。

4

完成根系修剪。

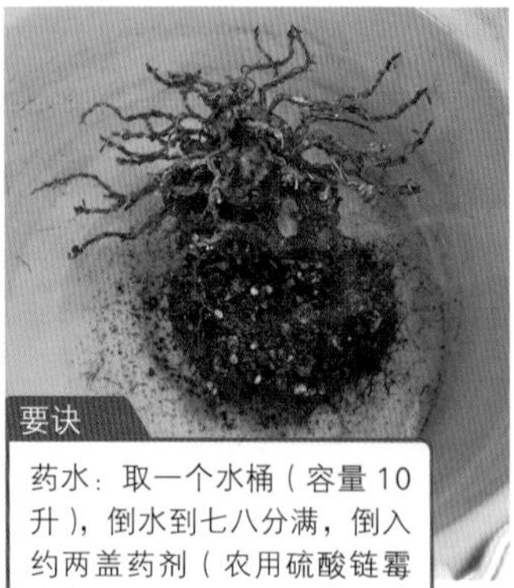

要诀

药水：取一个水桶（容量10升），倒水到七八分满，倒入约两盖药剂（农用硫酸链霉素）。

5

将树木整个浸入药水中，静置1～2小时，沥干水分。

※盆土：赤玉土（中粒），放入1/10的竹炭混合。

6

准备盆器和盆土。

要诀

上方盆土不用放竹炭，否则盆景浸入水桶后，竹炭会浮出水面。

※盆土：赤玉土（小粒）。

7

用取土铲将盆土倒入盆底。放入树木，从上方倒入盆土。

8

用钳子将金属丝拧到一起，固定树木。

9

再次将树木整个浸入步骤5的药水，静置1～2小时，沥干水分。

※促花秘诀：摘掉新芽的尖端，施含磷钾的固体肥料。

10

完成移栽，铺种苔藓。

山茶花

资料

别名：—
分类：山茶科山茶属（常绿乔木）
树形：斜干、模样木、悬崖、丛干等

出云大社野山茶（玉浦）

模样木　高 15 厘米　养坯盆

清雅别致，悠然摇曳 花形、花色丰富多彩

山茶花原产于日本。野山茶分布于太平洋沿岸，寒山茶分布于日本沿海的积雪地带。两种山茶杂交，可以产生1000种以上的园艺品种，花形、花色也丰富多彩。花朵娇小的品种适合用作盆景。自古以来，山茶花就备受世人喜爱。

管理要点

放置地点 放于通风良好地方。最好上午放在日照良好的地方，下午放在荫蔽处。夏季要避光，冬季要搬到屋檐下。

浇水 随着季节的变换，改变浇水的次数。

施肥 施固体肥料。

病虫害 注意茶毒蛾、炭疽病。染病的部分要尽早去除。

移栽 每2年1次。4～6月适宜移栽。

操作日历	1月	2月	3月	4月	5月	6月	7月	8月	9月	10月	11月	12月
移栽				■	■	■						
摘芽				■	■							
施肥				■	■	■			■	■		
缠绕金属丝·拆掉金属丝				■	■	■						

修整

半悬崖

【操作前】4月上旬

【操作后】4月上旬

移栽 4月上旬

1 用根钩将根系从上到下松开，用修根剪将长根剪掉。

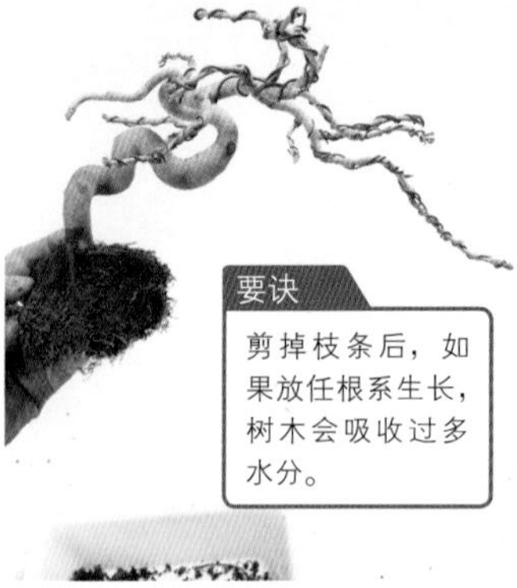

要诀
剪掉枝条后，如果放任根系生长，树木会吸收过多水分。

2 准备盆器和盆土。

※盆土：10份赤玉土（中粒），放入约3份鹿沼土。

3 完成移栽，铺种苔藓。

要诀
鹿沼土较轻，放入水桶吸收水分时，要从盆器下部吸收水分。

※促芽秘诀：6月萌出花芽，所以在这之前无需修剪。

继续修剪 4月上旬

用修枝剪将过长的枝条剪掉。

要诀
将这样的枝条全部剪掉，才会顺利萌芽。

蟠扎·整枝 4月上旬

1 将每根枝条都缠上金属丝，予以整枝。

2 完成蟠扎、整枝。

蜡瓣花

资料

别名：连核梅、土佐水木
分类：金缕梅科蜡瓣花属（落叶灌木）
树形：模样木、悬崖、分干、丛干等

双干　高 16 厘米　藤挂雄山盆

初春的展览会上 娇小花朵备受瞩目

分布于高知县的山地。在长叶之前，黄色的小花散落在树上。同属的少花蜡瓣花也常用作盆景，但蜡瓣花的特点是花穗较短。在初春的展览会上，花朵娇小可人，备受瞩目。为了促进开花，注意不要修叶。

操作日历

	1月	2月	3月	4月	5月	6月	7月	8月	9月	10月	11月	12月
移栽			●	●								
切芽				●	●							
施肥				●	●	●	●		●	●		
缠绕金属丝·拆掉金属丝			●	●	●	●	●					

管理要点

放置地点 放于日照、通风良好的地方。夏季避免西晒，冬季等起霜后搬到屋檐下。

浇水 盆土表面干燥后，浇足量的水。

施肥 施固体肥料。

病虫害 注意真菌。

移栽 每2年1次。3～4月适宜移栽。

更换盆器

【操作前】3月上旬

→

【操作后】3月上旬

→

【操作后】5月中旬

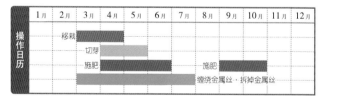

蟠扎·整枝

3月上旬

1

更换盆器。将每根枝条都缠上金属丝，予以整枝。

2

完成蟠扎、整枝。

移栽

3月上旬

1

用根钩将根系从上到下松开。

2

用修根剪将长根剪掉。

3

完成根系修剪。

4

准备盆器和盆土。

※盆土：8份赤玉土（中粒）、2份河沙混合，另加入约1/10的竹炭。

切芽 5月中旬

1 新芽萌发。

2 用修枝剪将生长过快的芽剪掉。

3 完成切芽。

※促花秘诀：摘掉新芽尖端，施含磷钾的固体肥料。

5 用取土铲将盆土倒入盆底。放入树木，用钳子将金属丝拧成十字形，固定树木。

要诀

树木较高时，可以将金属丝拧成十字形，以便固定。

6 用取土铲将盆土倒入盆内。插入竹签（镊子也可），捣实盆土间的缝隙。

要诀

上方盆土不放竹炭，否则盆景浸入水桶后，竹炭会浮出水面。

※盆土：8份赤玉土（小粒）、2份河沙混合。

7 完成移栽，铺种苔藓。

6 月上旬开花

蔷薇

资料

别名：野蔷薇
分类：蔷薇科蔷薇属（落叶灌木）
树形：模样木、斜干、分干、半悬崖、附石等

可爱小花，红色果实颇具野趣，惹人喜爱

原产于日本的野生蔷薇。世界上大多数园艺品种，都会把它作为杂交母本。大多使用与原种接近的小蔷薇（粉色或白色）制作盆景。到了秋季，结出小巧的红色果实，样子可爱喜人。可勤施肥。花期内施肥，花朵会陆续开放。

模样木　高 11 厘米　土交盆

操作日历

	1月	2月	3月	4月	5月	6月	7月	8月	9月	10月	11月	12月
移栽		■	■						■	■		
施肥				■	■	■				■		
缠绕金属丝·拆掉金属丝					■	■						

管理要点

放置地点 放于日照、通风良好的地方，也可在半阴处培育。冬季搬到屋檐下。

浇水 盆土表面干燥后浇足量的水。夏季注意预防缺水。

施肥 施固体肥料。

病虫害 注意蚜虫、介壳虫、黑星病、真菌、果树根癌病。定期喷洒药剂预防。

移栽 每2年1次。2～3月、9～10月适宜移栽。

移栽入盆景盆

【操作前】5月中旬

→

【操作后】5月中旬

修剪 5月中旬

1 用叉枝剪将部分过密的枝条剪掉。

2 完成修剪。

蟠扎・整枝 5月中旬

1 将每根枝条都缠上金属丝，予以整枝。

2 完成蟠扎、整枝。

移栽 5月中旬

※本来要在2～3月移栽。

1 将盆景从塑料盆中取出。

2 用叉根剪将根系横向剪掉。

3

用修根剪将根的侧面剪掉。

4

完成根系修剪。

5

准备盆器和盆土。

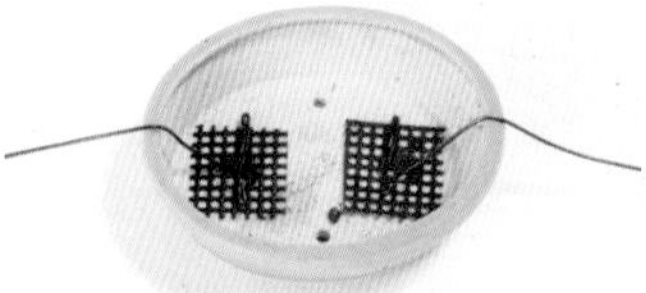

※盆土：8份赤玉土（中粒）、2份河沙混合。

6

用取土铲将盆土倒入盆底。放入树木，从上方倒入盆土。

※盆土：8份赤玉土（小粒）、2份河沙混合。

7

插入镊子（竹签也可），捣实盆土间的缝隙。

8

完成移栽，铺种苔藓。

※促花秘诀：摘掉新芽尖端，施含磷钾的固体肥料。

斜干　高16厘米　宽27厘米　日本盆

木瓜海棠

资料

别名：毛叶木瓜
分类：蔷薇科木瓜属（落叶灌木）
树形：双干、斜干、悬崖、分干、模样木等

分为早开花、晚开花两种
盛开后红色渐变，颇为喜人

木瓜海棠原产于日本。大体分为早开花的寒木瓜和晚开花的春木瓜。贴梗海棠（见第170页）也叫草木瓜，修整树形容易，近年来颇受欢迎。花朵分为红色、白色和粉色，也有单瓣和重瓣之分。白花开后渐转红的品种很受欢迎。

操作日历	1月	2月	3月	4月	5月	6月	7月	8月	9月	10月	11月	12月
		扦插	■	修叶	■	■		移栽	■	■		
			施肥	■	■	■		施肥	■	■		
	■	■	■	■	■	■	■	缠绕金属丝·拆掉金属丝				

管理要点

放置地点 放于日照、通风良好的地方。要放在室外，直到花芽饱满。

浇水 耐干旱。注意新芽期和夏季预防缺水。

施肥 施固体肥料。

病虫害 注意蚜虫、介壳虫、果树根癌病。

移栽 每2年1次。9～10月操作。

※春季移栽容易感染果树根癌病，所以要尽量避免。

创作　风吹

【操作前】5月中旬

→

【操作后】5月中旬

修叶

6月中旬

1

叶片逐渐长大。

2

用修叶剪将叶片从底部剪掉。

3

完成修叶。

※促花秘诀：摘掉新芽尖端，施含磷钾的固体肥料。

蟠扎·整枝

5月中旬

1

新芽萌发。

2

将每根新芽都缠上金属丝，予以整枝。

3

完成蟠扎、整枝。

珍珠绣线菊

资料

别名：雪柳
分类：蔷薇科绣线菊属（落叶灌木）
树形：斜干、分干、丛干等

红花
花朵较大

白花

斜干　高 18 厘米　土交盆

枝条纤细如柳 小花盛开如雪

珍珠绣线菊原产于日本、中国。虽然名字带“柳”字，但其实是蔷薇科树木。初春，点点繁花盛开如雪。将细枝修剪成如柳条般随风摇曳，别具特色。分为白花和红花。近年来，红花开始流行，逐渐受到众人的追捧。

管理要点

放置地点 放于日照、通风良好的地方。夏季避免西晒，冬季搬到屋檐下。

浇水 喜水。夏季注意预防缺水。

施肥 施固体肥料。

病虫害 注意蚜虫。

移栽 每2年1次。3～4月、9月适宜移栽。

操作日历

	1月	2月	3月	4月	5月	6月	7月	8月	9月	10月	11月	12月
移栽			■	■					■			
扦插						■	■					
施肥				■	■				■	■		
缠绕金属丝·拆掉金属丝			■	■				■	■			

创作

双干

【操作前】4月上旬

→

【操作后】4月上旬

→

【操作后】6月中旬

修剪 4月上旬

1 用修枝剪剪掉徒长枝。

2 完成修剪。

蟠扎·整枝 4月上旬

1 将每根枝条都缠上金属丝，予以整枝。

2 完成蟠扎、整枝。

移栽 4月上旬

1 用根钩将根系从上到下松开，用修根剪将长根剪掉。

2 完成根系修剪。

修剪 6月中旬

1 新芽萌发。

2 用修枝剪剪掉徒长枝。

3 完成根系修剪。

※促花秘诀：摘掉新芽尖端，施含磷钾的固体肥料。

3 准备盆器和盆土。

※盆土：8份赤玉土（中粒）、2份河沙混合。

4 将金属丝从盆底穿过，用钳子弯成U形，并往盆底拉到底，用钳子剪掉多余的金属丝。另一侧也是如此。

要诀

盆器较小，而且孔洞只有一个时可以用这种简单的方法。

5 完成移栽，铺种苔藓。

连翘

资料

别名：—
类：木樨科连翘属（落叶灌木）
树形：露根、悬崖、分干、模样木、斜干等

初春开花备受瞩目 树形也十分迷人

连翘原产于中国，于平安时代引入日本。在长叶之前，就会花满枝头。生根旺盛，进入梅雨季后，就会从枝节生出气生根，适合露根、压条、扦插。耐强刀痕，也便于造型。根基强健，每年可移栽2次。图示为大花的品种。

露根　高 18 厘米　秀山盆

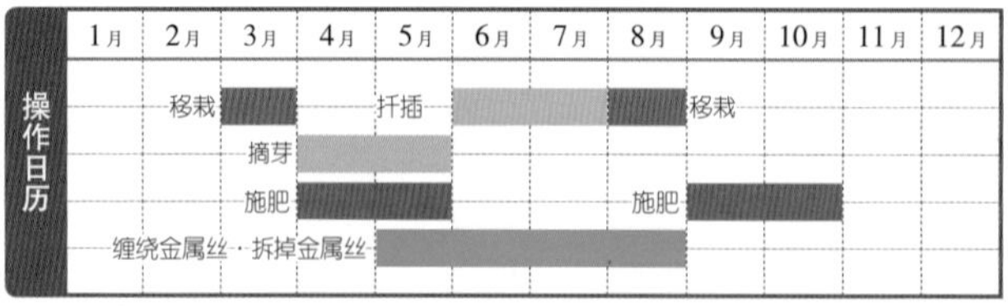

管理要点

放置地点 放于日照、通风良好的地方。放于荫蔽处，会影响开花。

浇水 喜水。花期时注意预防缺水。

施肥 施固体肥料。

病虫害 注意介壳虫、红蜘蛛。

移栽 每年2次。3月、8月适宜移栽。

创作　露根

【操作前】3月上旬

【操作后】3月上旬

【操作后】5月中旬

移栽

3月上旬

1

根系生长旺盛，缠在一起。

要诀

连翘的根系生长非常旺盛。

2

用根钩将根系从上到下松开。

3

根系松开。

4

用金属丝缠绕，固定根系。

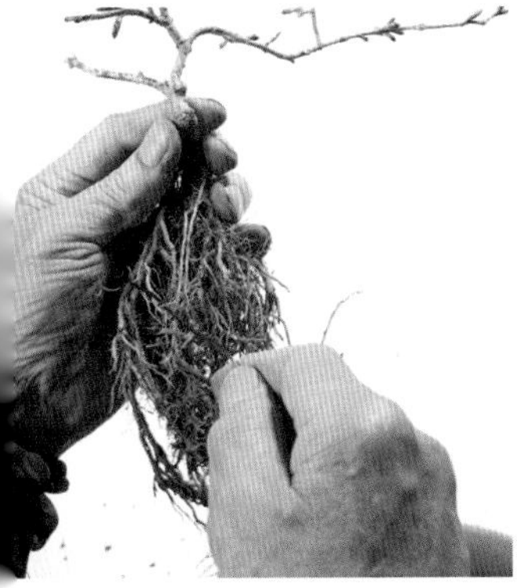

5

将金属丝向下螺旋缠绕。

6

完成缠绕金属丝。

7

用修根剪将长根剪掉。

8

完成根系修剪。

9

准备盆器和盆土。

※盆土：8份赤玉土（中粒）、2份河沙混合，另加入约1/10的竹炭。

10

用取土铲将盆土倒入盆底，放入树木。

要诀

上方盆土不放竹炭，否则盆景浸入水桶后，竹炭会浮出水面。

11

用取土铲将盆土倒入盆内。

※盆土：8份赤玉土（小粒）、2份河沙混合。

12

插入竹签，捣实盆土间的缝隙。

13

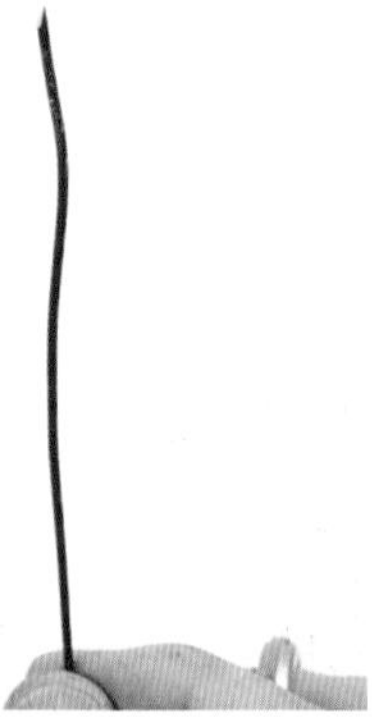

将金属丝的尖端削尖。

14

将步骤13的金属丝从盆底孔洞穿过。

15

将金属丝拉出盆土表面。

16

用钳子将金属丝弯成U形。

17 将金属丝往盆底拉到底。

18 将金属丝沿着盆底折起。

19 用钳子剪掉多余的金属丝。

20 另一侧也是如此（步骤14~19）。

21 完成根系固定工作，铺种水苔。

蟠扎·整枝 5月中旬

1 新芽萌发。

2 新芽缠上金属丝。

3 完成蟠扎、整枝。

※促花秘诀：摘掉新芽尖端，施含磷钾的固体肥料。

木防己

资料

别名：青葛藤
分类：防己科木防己属（藤蔓状落叶灌木）
树形：悬崖、斜干等

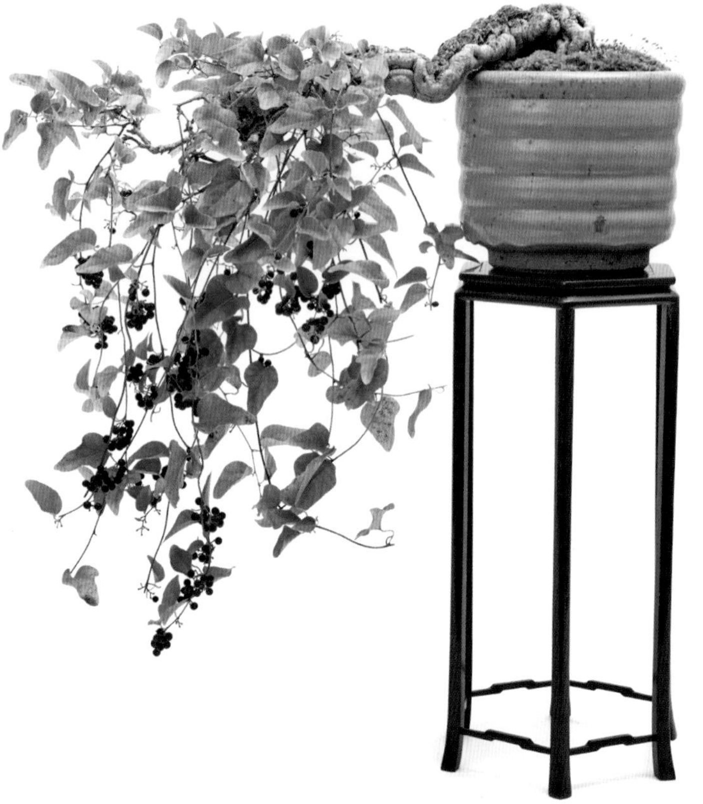

悬崖　高 33 厘米　宽 35 厘米　青交趾圆盆

果实如葡萄
树干颇有野趣

遍布日本各地的山野。6月左右开出淡黄色的小花，秋天结出葡萄般的果实。变成老树后，树干开始龟裂，风格也会变得粗犷，外形十分迷人。英文名为Snailseed，种子形状独特。藤蔓不会变粗，每次移栽时要露出根系。

操作日历

操作	1月	2月	3月	4月	5月	6月	7月	8月	9月	10月	11月	12月
移栽			■	■					■	■		
扦插						■	■					
摘芽					■	■						
施肥				■	■				■	■		
缠绕金属丝·拆掉金属丝			■	■	■	■	■	■				

管理要点

放置地点 放于日照、通风良好的地方。

浇水 盆土表面干燥后，浇足量的水。

施肥 施固体肥料。

病虫害 注意蚜虫。

移栽 每2年1次。3～4月、9～10月适宜移栽。

创作

露根

【操作前】4月中旬

【操作后】4月中旬

移栽 4月中旬

1 用根钩将根系从上到下松开。

2 用修根剪将长根剪掉。

3 继续用根钩疏松根系，拍掉盆土。

4 根系已松开。

修剪 4月中旬

1 用修枝剪剪掉枯萎的枝条。

2 用修枝剪将前一年结过果的枝条剪掉。

要诀

将残留的枝条剪掉，才能促进开花。

蟠扎·整枝 4月中旬

1 将每根枝条都缠上金属丝，予以整枝。

2 完成蟠扎、整枝。

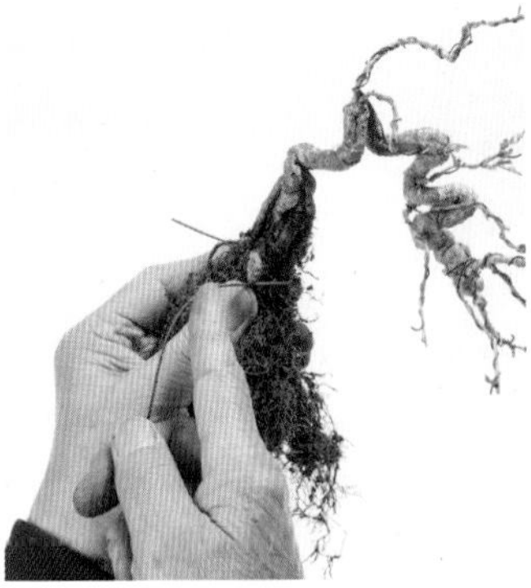

5

用金属丝缠绕根系，用来固定。

6

用金属丝向下螺旋缠绕。用钳子将收尾处拧紧，剪掉剩余的金属丝。

7

完成金属丝缠绕。

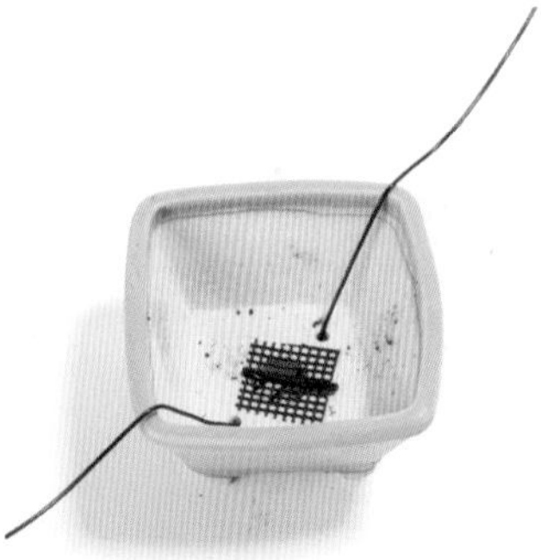

8

准备盆器和盆土。

※盆土：8份赤玉土（中粒）、2份河沙混合。

9

用取土铲将盆土倒入盆内。

※盆土：8份赤玉土（小粒）、2份河沙混合。

10

插入镊子（竹签也可），捣实盆土间的缝隙。

11

完成移栽，铺种苔藓。

小贴士

促果秘诀

6 月中旬开花。雌雄异株。5 月开始多施肥。

①将雄树放在雌树旁边，自然杂交。

②将雄树的花蕊撒在雌树上。

雌花（图片右）：能结果的圆形花蕾

雄花（图片左）：花朵数量和花粉较多

木通

资料

别名：—
分类：木通科木通属（藤蔓状落叶灌木）
树形：悬崖、斜干等

悬崖　高 22 厘米　虹泉盆

特别的紫色果实 令人想到昔日山野风光

木通分布于日本的山野。4月左右，开出淡紫色的小花。授粉时，3片叶子的三叶木通和5片叶子的五叶木通杂交。到了秋季，会结出紫色的果实，裂开后露出白色的果肉。藤蔓不会变粗，每次移栽时要露出根部。

管理要点

放置地点 放于日照、通风良好的地方。

浇水 盆土表面干燥后，浇足量的水。

施肥 施固体肥料。

病虫害 注意真菌、蚜虫。

移栽 每2年1次。3月、9月适宜移栽。

操作日历

1月	2月	3月	4月	5月	6月	7月	8月	9月	10月	11月	12月
	移栽	■		扦插	■	■		■	移栽		
		施肥	■	■		施肥		■	■		
	缠绕金属丝；拆掉金属丝		■	■	■	■					

小贴士

促果秘诀

用镊子摘下雄花。→

将雄花的花粉抹在雌花尖端上。

4 月中旬开花后，就可以按照下述的方式进行人工授粉。

- ●五叶木通（雄花）× 三叶木通（雌花）
- ●三叶木通（雄花）× 五叶木通（雌花）

雌花

雄花

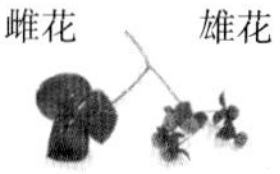

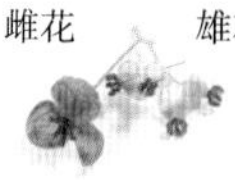

分干　高 20 厘米　中国盆

天仙果

资料

别名：犬枇杷、山无花果、牛乳木
分类：桑科榕属（落叶小乔木）
树形：分干、斜干、风吹等

黑紫色的果实
修长纤细的枝条

天仙果在日本分布于关东以西的本州、四国、九州的温暖地区。分为细叶和圆叶两种，细叶的更容易修整树形，颇受众人欢迎。进入初夏，会在叶子旁边长出绿色的果实，但这并非果实而是花。到了秋季，会变成如蓝莓般的黑紫色。

管理要点

放置地点 放于日照、通风良好的地方。夏季盖遮光网，冬季搬到屋檐下。

浇水 盆土表面干燥后，浇足量的水。夏季每天2次，冬季每2天1次。

施肥 勤施固体肥料。

病虫害 注意赤星病。

移栽 每 2 年 1 次。3 月、9 月适宜移栽。

操作日历	1月	2月	3月	4月	5月	6月	7月	8月	9月	10月	11月	12月
移栽、扦插			移栽			扦插	扦插		移栽			
切芽					切芽	切芽						
施肥				施肥	施肥				施肥	施肥		
缠绕金属丝·拆掉金属丝			缠绕金属丝	缠绕金属丝	缠绕金属丝	缠绕金属丝	缠绕金属丝	缠绕金属丝				

创作

分干

【操作前】3月上旬

【操作后】3月上旬

蟠扎·整枝 3月上旬

1 将每根枝条缠上金属丝，将枝条向左弯曲，如同在风中摇曳。

2 用抹刀（竹片也可）将伤口愈合剂涂抹在切口。

要诀
也有防止树液渗出的作用。

移栽 3月上旬

1 用修根剪将根系横向剪掉。

2 用叉枝剪将主根剪掉。

3 完成根系修剪。

※之后的操作详见第37页。

※盆土：8份赤玉土（中粒）、2份河沙混合。

4 完成移栽，铺种苔藓。

切芽 5月中旬

用修枝剪将生长过快的芽剪掉。

小贴士

促果秘诀

雌雄异株。看着像是果实（右图），其实是花朵。

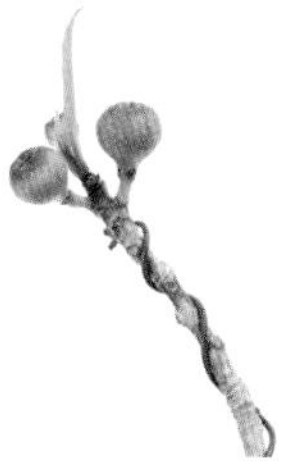

授粉方式十分特殊，寄生在花序里的银纹榕小蜂，把花粉当做媒介使其结果。

进入5月中旬，结出小果实，秋季会变成黑紫色。

落霜红

资料

别名：—
分类：冬青科冬青属（落叶灌木）
树形：双干、斜干、模样木、分干、丛干等

模样木　高8厘米　伊万里盆

红色果实小巧可爱 注意预防鸟类

自秋季到来年1月，都能欣赏到落霜红艳红小巧的果实。偶尔也会长出黄色或白色的果实。为了促进结果，要将雄树和雌树摆在相近位置。鸟类非常喜欢落霜红的果实，可以把树木放在有遮网的篮子中，以预防鸟类。

管理要点

放置地点 放于日照、通风良好的地方。新芽不耐晚霜。夏季下午放于半阴处，冬季搬到屋檐下。

浇水 缺水会影响结果。结果后，要浇足量的水。

施肥 施固体肥料。

病虫害 注意介壳虫、蚜虫、黑星病。

移栽 每2年1次。3～4月上旬适宜移栽。

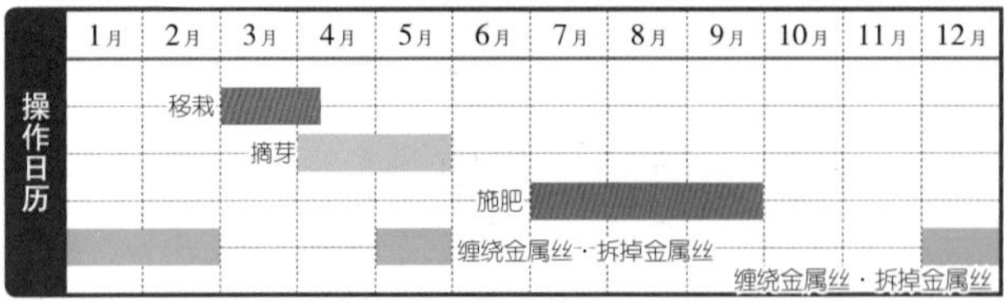

修整 斜干

【操作前】4月上旬

【操作后】4月上旬

【操作后】5月中旬

修剪 4月上旬

1 用修枝剪将扰乱树形的枝条剪掉。

2 如果有剩余的残枝，用修枝剪剪掉。

3 用抹刀（竹片也可）将伤口愈合剂涂抹在枝条的切口上。

移栽 4月上旬

1 用根钩将根系从上到下松开。

2 用修根剪将长根剪掉。

3 准备盆器和盆土。

※盆土：8份赤玉土（中粒）、2份河沙混合。

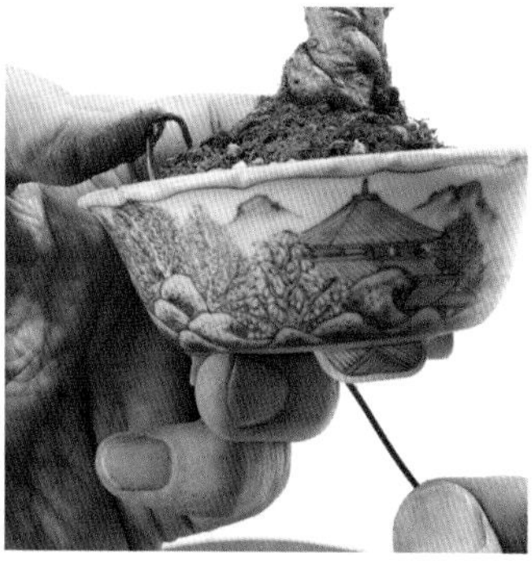

4 将金属丝从盆底穿过，用钳子将多余的金属丝剪掉。另一侧也是如此。用钳子将两处金属丝拧紧。

※操作详见第37页。

5 完成移栽，铺种苔藓。

※促果秘诀：雌雄异株。
①将雄树放在雌树旁边，自然杂交。②将雄树的雄蕊撒在雌树上。③用镊子摘下雄树的花朵，与雌树进行人工授粉。

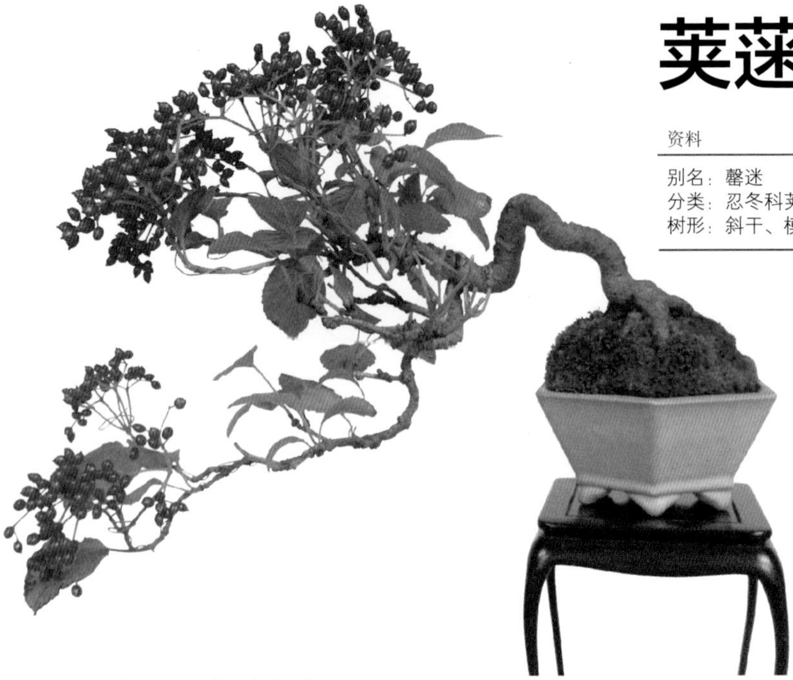

半悬崖　高 20 厘米　美功盆

荚蒾

资料

别名：馨迷
分类：忍冬科荚蒾属（落叶灌木）
树形：斜干、模样木、悬崖等

小巧的红色果实 颇具野趣风情

荚蒾在日本分布于山野和丘陵。进入5月，白色小花成团如簇，秋天则会结出红色的果实。黄色果实的黄果荚蒾也颇受欢迎。和其他树木杂交，可促进结果。枝条随着长大会变得坚实，要趁小树时蟠扎、修剪树形。

操作日历	1月	2月	3月	4月	5月	6月	7月	8月	9月	10月	11月	12月
移栽 / 扦插		移栽	■	■	扦插	■	■	移栽	■			
施肥			施肥	■	■			施肥	■	■		
缠绕金属丝·拆掉金属丝				■	■	■	■	■	缠绕金属丝·拆掉金属丝			

管理要点

放置地点 放于日照、通风良好的地方。

浇水 盆土表面干燥后，浇足量的水。夏季，傍晚每天2次。

施肥 施固体肥料。

病虫害 注意褐斑病、真菌、介壳虫、黑肩毛萤叶甲虫。

移栽 每2年1次。3～4月、9月适宜移栽。

移栽入与树形相称的盆内

【操作前】11月上旬

【操作前】4月上旬

【操作后】4月上旬

【操作后】5月中旬

蟠扎·整枝 4月上旬

1 将每根枝条都缠上金属丝，予以整枝。

2 完成蟠扎、整枝。

移栽 4月上旬

1 用修根剪将根系横向剪掉。

2 用修根剪将根系纵向剪掉。

3 用根钩将根系从上到下松开。

4 根系已松开。

5 准备盆器和盆土。

※盆土：8份赤玉土（中粒）、2份河沙混合。

6 完成移栽，铺种苔藓。

※促果秘诀：开花后，抹上其他荚蒾的花粉。

毛叶石楠

资料

别名：镰柄
分类：蔷薇科石楠属（落叶小乔木）
树形：斜干、模样木、分干、悬崖、丛干等

半悬崖　树高 18 厘米　鸿阳盆

红果累累，挂满枝头 红叶、黄叶交相辉映

毛叶石楠分布于日本山地和丘陵。5月左右白花盛开，秋天结出红果，欣赏红、黄叶片交相辉映的美感。木质较硬，可用来制作镰刀的手柄，因而得名“镰柄”。也被称作“杀牛木”，据说牛角如陷入枝条，难以拔出。结果较多，所以趁果实未熟时摘果。

管理要点

放置地点 从开花到结果，需要足够的日照。夏季避免西晒，冬季搬到屋檐下。

浇水 夏季注意预防缺水。

施肥 施固体肥料。

病虫害 注意卷叶蛾。

移栽 每2年1次。3～4月、9月适宜移栽。

操作日历

操作	1月	2月	3月	4月	5月	6月	7月	8月	9月	10月	11月	12月
移栽			■	■					■			
摘芽				■	■	■						
摘果								■			■	
施肥				■						■	■	
缠绕金属丝·拆掉金属丝				■	■	■					■	■

移栽入相称的盆内

【操作前】11月上旬

→

【操作前】4月上旬

→

【操作后】4月上旬

→

【操作后】5月中旬

修剪 4月上旬

1

用修枝剪将扰乱树形的立枝（直立的枝条）剪掉。

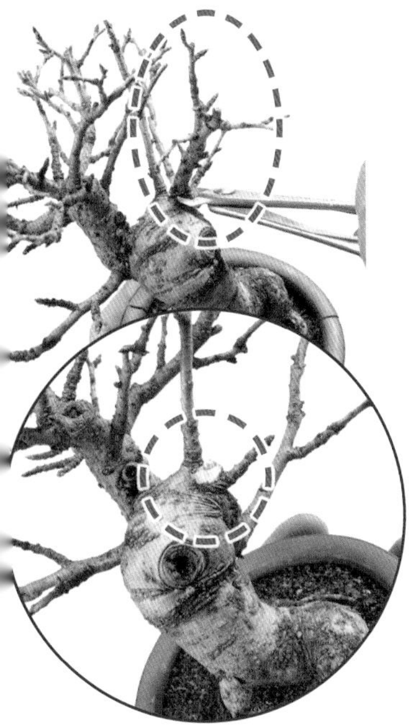

2

用修枝剪将扰乱树形的枝条（伸到前面的长枝）剪掉。

3

用抹刀（或竹片）将伤口愈合剂涂抹在枝条的切口上。

蟠扎·整枝 4月上旬

1

将每根枝条都缠上金属丝，予以整枝。

2

完成蟠扎、整枝。

移栽

4月上旬

1

用修根剪（图片是修枝剪）将根系纵向剪掉。

2

用根钩将根系从上到下松开，用修根剪将长根剪掉。

3

完成修剪。

4

准备盆器和盆土。

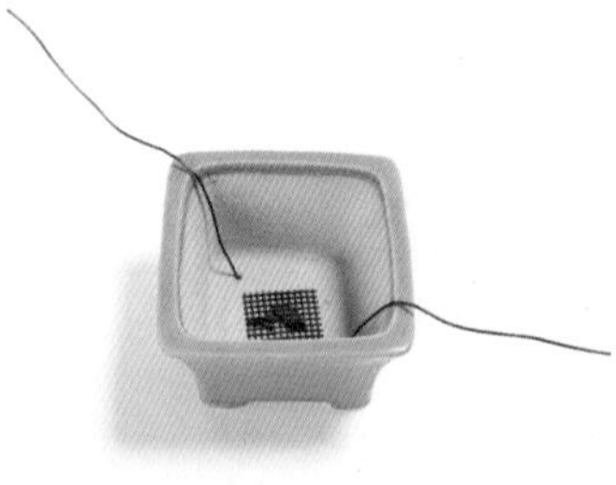

※盆土：8份赤玉土（中粒）、2份河沙混合。

5

用取土铲将盆土倒入盆底。放入树木，从上方倒入盆土。

※盆土：8份赤玉土（小粒）、2份河沙混合。

6

完成移栽，铺种苔藓。

※促果秘诀：注意不要把水浇到花上，这样就能结出果实。

木瓜

模样木　高 17 厘米　月香盆

资料

别名：—
分类：蔷薇科木瓜属（落叶中乔木）
树形：直干、斜干、模样木、分干、悬崖等

金黄色的大颗果实 枝条健壮有力

木瓜原产于中国，被誉为“观果盆景之王”。其枝条粗壮，姿态雄伟，气势磅礴。果实的位置，决定了盆景品位的高下。木瓜花朵绯红迷人，树皮粗糙开裂，黄叶也颇具风情。

操作日历

	1月	2月	3月	4月	5月	6月	7月	8月	9月	10月	11月	12月
移栽		■							■			
切芽				■	■	■						
施肥				■	■	■			■	■		
缠绕金属丝·拆掉金属丝				■	■	■					■	■

小贴士

注意赤星病

温度达到 20℃以上，赤星病的病菌就开始传播。

此病多在 4 月中旬暴发，所以 4 月上旬就应喷洒杀菌剂预防。

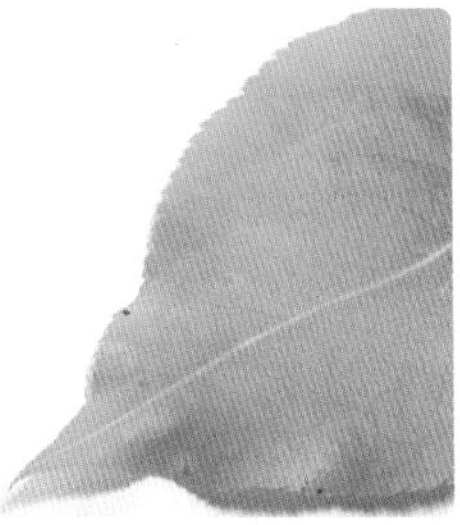

管理要点

放置地点　放于日照、通风良好的地点。夏季盖遮光网避光。耐寒。

浇水　喜水。夏季注意预防缺水。

施肥　施固体肥料。

病虫害　注意赤星病。春季喷洒药剂预防。

移栽　每2年1次。9月适宜移栽。

移栽入盆景盆内

【操作前】2月中旬

【操作后】2月中旬

【操作后】6月中旬

移栽

2月中旬

1 用根钩将根系从上到下松开。

2 根系已松开。

3 用修根剪将长根剪掉。

4 根系修剪完成。

5 准备盆器和盆土。

※盆土：赤玉土（中粒）内放入约1/10的竹炭混合。

6 用取土铲将盆土倒入盆内，放入树木。

7

如果根系上浮，可用金属丝缠在树干周围。

8

拧紧金属丝。

9

用钳子将金属丝较长的部分剪掉。

10

按压盆土表面。

11

将金属丝穿过盆底，用钳子弯成U形。

12

将金属丝往下拉到盆底，向上翻折。

13

用钳子拧紧金属丝，固定树木，将多余的金属丝剪掉。

要诀

上方盆土不用放竹炭，否则盆景浸入水桶后，竹炭会浮出水面。

※盆土：8份赤玉土（小粒）、2份河沙混合。

14

用取土铲将盆土从上方倒入盆内，插入镊子（竹签也可），捣实盆土间的缝隙。

将水苔拧成绳状

2月中旬

1

将用水浸湿的水苔拉开，拧成绳状。

2

用镊子夹起绳状的水苔，一根根放在盆土表面，用手指轻轻按压，使其固定。

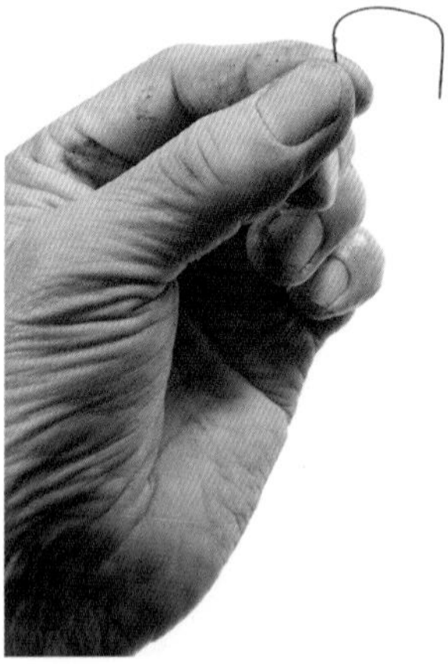

3

将较细的金属丝弯成U形。

※这里为了一目了然，使用的是较粗的金属丝。

4

将U形的金属丝压入盆器边缘。

5

完成移栽，铺种水苔。

小贴士

树皮脱落也没问题吗

树皮有时会自然脱落。这是树木生长的自然现象，无需担心，顺其自然就好。

切芽 6月中旬

要诀

自4月开始，重复进行切芽。

1

新芽萌发。

2

用修枝剪将生长过快的芽剪掉。

3

完成切芽。

小贴士

促果秘诀

此树4月上旬开花，5月中旬结果。雌雄异株，易于自然杂交。用镊子摘下雄树的雄蕊，与雌树人工授粉，就能确保结果。

胡颓子

资料

别名：寒茱萸、胡秃子、蒲颓子、半含春
分类：胡颓子科胡颓子属（常绿灌木）
树形：斜干、模样木、分干、半悬崖等

模样木　高 19 厘米　香叶盆

朱红色的果实垂满枝头 冬季亦能常绿的珍贵树种

胡颓子在日本分布于本州中部以西。仅分布于日本的，据说就有15种。其中，胡颓子常用于培育盆景。花朵为白色或淡黄色，花后会结果。进入11月左右，下垂的朱红色果实开始着色，一直到3月都可以观赏到果实累累的景象。

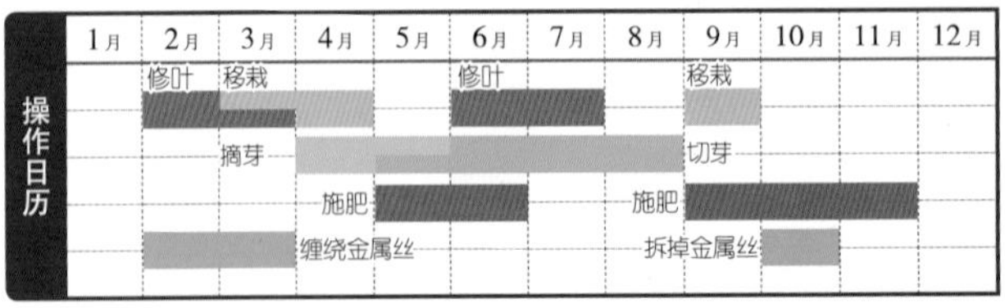

管理要点

放置地点 放于日照、通风良好的地方。夏季避免阳光直晒，冬季搬到屋檐下。

浇水 喜水。盆土表面干燥后，浇足量的水。

施肥 施固体肥料。开花到结果期间，都无需施肥。

病虫害 注意蚜虫、红蜘蛛、介壳虫。结果后要盖驱鸟网，以预防鸟类。

移栽 每年1次。3~4月、9月适宜移栽。

移栽入浅盆内

【操作前】3月上旬

→

【操作后】3月上旬

移栽 3月上旬

1 用根钩将根系从上到下松开。

2 用修根剪将长根剪掉。

3 根系修剪完成。

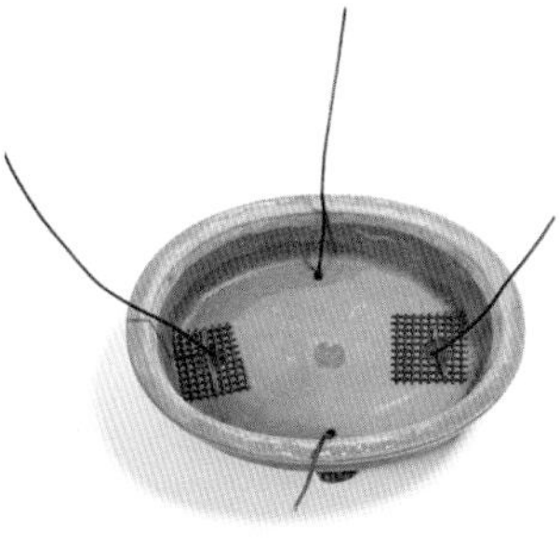

4 准备盆器和盆土。

※盆土：赤玉土（中粒）内放入约1/10的竹炭混合。

修叶 3月上旬

1 用修叶剪将叶片从底部剪掉。

要诀

常绿阔叶树需要修叶。上部的叶子长势较好，为了能均匀萌芽，需要修叶。

2 完成修叶。

蟠扎·整枝 3月上旬

1 将每根枝条都缠上金属丝，予以整枝。

2 完成蟠扎、整枝。

要诀

树木较高时，缠绕拧成十字形的金属丝，以便固定树木。

5

放入树木，将盆土从上方倒入盆内。用钳子将金属丝拧成十字形，以固定树木。用钳子将多余的金属丝剪掉。

要诀

上方盆土不用放竹炭，否则盆景浸入水桶后，竹炭会浮出水面。

※盆土：8份赤玉土（小粒）、2份河沙混合。

6

用取土铲将盆土从上方倒入盆内。

7

插入竹签（镊子也可），捣实盆土间的缝隙。

8

完成移栽，铺种苔藓。

切芽 5月中旬

1

新芽萌发。

2

用修枝剪将生长过快的芽剪掉。

3

完成切芽。

小贴士

促果秘诀

将多种胡颓子放在一起，可促进结果。胡颓子没有雄花和雌花之分。

山橘

资料

别名：金豆
分类：芸香科金柑属（常绿灌木）
树形：模样木、悬崖等

露根　高 15 厘米　日本六角盆

如大豆般的黄色果实引发对山村的乡愁

山橘原产于中国，是一种小型柑橘，因“金色的柚子”而得其名。其属于喜温暖树种，耐热不耐寒。树干容易塑造出老树感，姿态苍劲。如果温度持续30℃以上就能开花，花后会结果。可以长时间观赏橙色的小圆果实。

管理要点

放置地点 春秋季保持日照充足，12月搬到室内。放于日照良好的地方。

浇水 喜水。夏季注意预防缺水。

施肥 施固体肥料。

病虫害 注意卷叶蛾、烟煤病。

移栽 每2年1次。5月适宜移栽。

操作日历

	1月	2月	3月	4月	5月	6月	7月	8月	9月	10月	11月	12月
移栽					■							
修叶					■							
摘果		■										
摘芽						■	■	■				
施肥						■	■	■	■	■		
缠绕金属丝·拆掉金属丝					■	■	■	■				

创作　露根

【操作前】5月上旬

→

【操作后】5月上旬

修叶 5月上旬

1

用修枝剪将叶子从根部剪掉。

2

完成修叶。

修剪 5月上旬

1

用修枝剪将扰乱树形的『牺牲枝』剪掉。

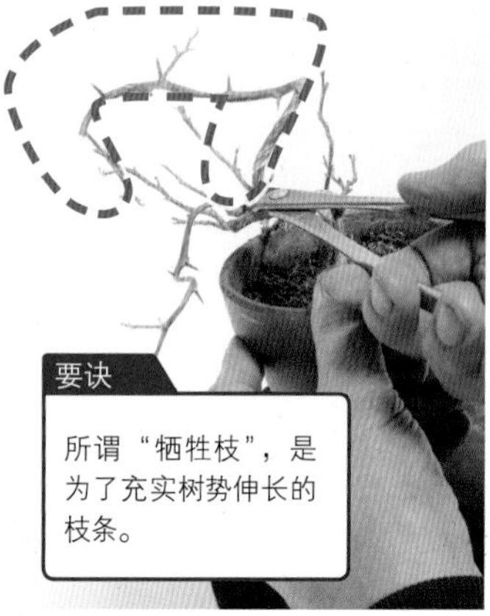

要诀

所谓“牺牲枝”，是为了充实树势伸长的枝条。

2

完成『牺牲枝』修剪。

3

用抹刀（竹片也可）将伤口愈合剂涂抹在切口上。

蟠扎·整枝 5月上旬

1

将每根枝条都缠上金属丝，予以整枝。

2

完成蟠扎、整枝。

移栽

5月上旬

1

用根钩将根系从上到下松开。

2

将金属丝顺着根系向下卷成螺旋状。用钳子将收尾处拧紧，剪掉多余的金属丝。

3

准备盆器和盆土。

※盆土：8份赤玉土（中粒）、2份河沙混合。

4

用取土铲将盆土从上方倒入盆内。

※盆土：8份赤玉土（小粒）、2份河沙混合。

5

完成移栽，铺种苔藓。

※促果秘诀：雌雄同株。花后会结果。夏季放于日照良好、保持30℃以上的地方，多施肥。

卫矛

资料

别名：小真弓
分类：卫矛科卫矛属（落叶灌木）
树形：斜干、双干、悬崖、模样木、分干等

斜干　高 18 厘米　宽 34 厘米　鸿阳盆

开裂的红色种子
树干的老树感十分迷人

卫矛在日本分布于北海道到九州。果实成熟后裂开，垂下一颗颗红色的种子。到了秋季，叶子由黄色变成红色，最后呈现纯正的红色，美丽迷人。历经多年后树干会变硬，所以要趁小树时创作树形。树干容易变粗，易于做出老树感。

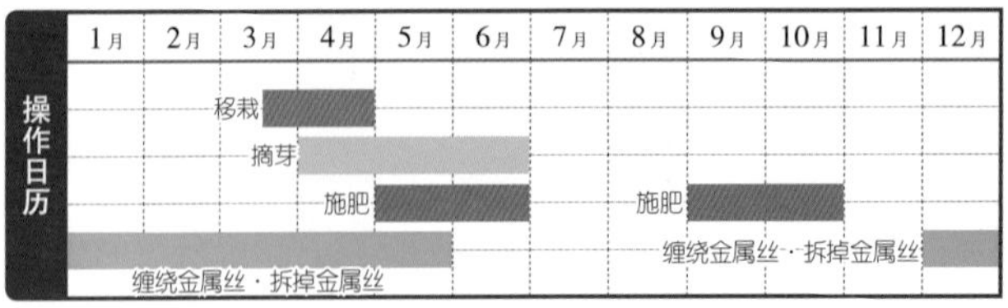

管理要点

放置地点 放于日照、通风良好的地方。夏季要避光，冬季搬到屋檐下。

浇水 盆土表面干燥后，浇足量的水。浇水过多，根系容易腐烂。

施肥 施固体肥料。

病虫害 注意蚜虫、介壳虫。

移栽 每2年1次。3月中旬至4月适宜移栽。

创作　悬崖

【操作前】4月中旬

→

【操作后】4月中旬

→

【操作后】6月中旬

蟠扎·整枝 4月中旬

1 将每根枝条都缠上金属丝，予以整枝。

2 完成蟠扎、整枝。

移栽 4月中旬

1 用修根剪将根系上部剪掉。

2 用修根剪将根系横向剪掉。

3 完成根系修剪。

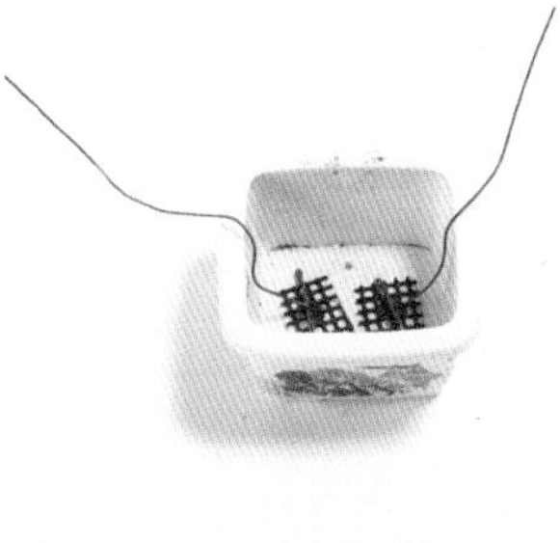

4 准备盆器和盆土。

※盆土：8份赤玉土（中粒）、2份河沙混合。

5 完成移栽，铺种苔藓。

小贴士

促果秘诀

雌雄同株。新长出的短枝条的尖端会开花。将徒长枝留下约2个芽，让其长出短枝条，结出果实。

和其他品种（卫矛）放在一起，更能促进结果。

半悬崖　高 15 厘米　宽 30 厘米　中国盆

野山楂

资料

别名：山楂子、红果子、南山楂
分类：蔷薇科山楂属（落叶灌木）
树形：悬崖、文人木、模样木、斜干等

小红果可爱迷人 果实也能入药

野山楂原产于中国，古时引入日本。红色的重瓣花不能结果，红色或白色的单瓣花可以结果。图示为白色的单瓣花。2月下旬可以观赏红色的果实，可以加工成药材或果干。树木强健，推荐初学者尝试。

管理要点

放置地点 放于日照、通风良好的地方。夏季要遮光，冬季耐寒。

浇水 盆土表面干燥后，浇足量的水。开花期注意预防缺水。

施肥 施固体肥料。

病虫害 注意蚜虫、介壳虫。

移栽 每2年1次。3月、9月适宜移栽。

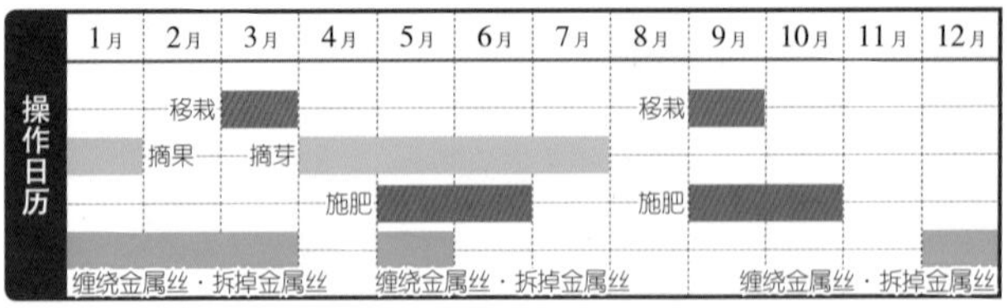

创作　半悬崖

【操作前】3月下旬

→

【操作后】3月下旬

→

【操作后】5月中旬

移栽 3月下旬

1 用修根剪将根系纵向剪掉。

要诀
根系缠绕在一起时，先将根系纵向剪掉，之后就便于疏松了。

2 用根钩将根系从上到下松开。

3 根系已松开。

修剪 3月下旬

1 用修枝剪将扰乱树形的车轮枝剪掉。

2 用叉枝剪将与树势相逆的逆枝剪掉。

要诀
将伤口愈合剂涂抹在切口上。

3 完成修剪。

4

准备盆器和盆土。

※盆土：8份赤玉土（中粒）、2份河沙混合，另放入约1/10的竹炭。

5

完成移栽，铺种苔藓。

修剪 5月中旬

1

枝条伸展开来。

2

用修枝剪将徒长枝剪掉。

3

完成修剪。

小贴士

促果秘诀

6月上旬，开出能结大果的花朵，与结小果的花朵人工授粉杂交，就能结果。

雌雄同株，所以自然杂交就能结果。

窄叶火棘

资料

别名：火把果
分类：蔷薇科火棘属（常绿灌木）
树形：分干、斜干、模样木、悬崖等

分干　高16厘米　东福寺

结出橙黄色的果实
果实和枝条有刺

窄叶火棘原产于欧洲、亚洲。在盆景界中，大多称为窄叶火棘。火棘，拉丁语意为“火之刺”，果实和枝条有刺，所以操作时要多加注意。初夏开白花，花后会结果。

管理要点

放置地点 放于日照、通风良好的地方。耐热耐寒。

浇水 盆土表面干燥后，浇足量的水。

施肥 施固体肥料。

病虫害 注意蚜虫、介壳虫、毛虫。结果期要注意预防鸟类。

移栽 每2年1次。2～4月适宜移栽。

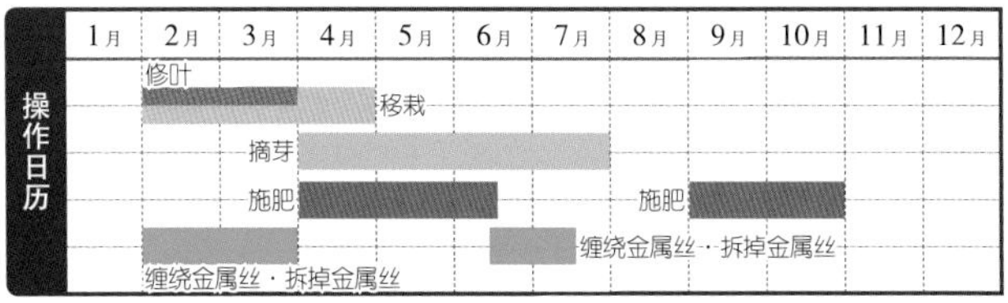

移栽入浅盆内

【操作前】11月上旬

→

【操作前】2月中旬

→

【操作后】2月中旬

→

【操作后】5月中旬

2

用抹刀（竹片也可）将伤口愈合剂涂抹在切口上。

蟠扎·整枝

2月中旬

将每根枝条都缠上金属丝，将枝条下压。

要诀

将枝条下压，就能呈现出老树的感觉。

移栽

2月中旬

1

用根钩将根系下部松开。

修叶

2月中旬

1

用修叶剪将叶子从底部剪掉。

要诀

进入4月，会同时萌芽。如果不修叶，只会在长势较好的地方萌芽。

2

完成修叶。

修剪

2月中旬

1

用修枝剪将多余的枝条（枯枝等）剪掉。

2

用修根剪将长根剪掉。

3

完成根系修剪。

4

准备盆器和盆土。

※盆土：赤玉土（中粒）放入约1/10的竹炭混合。

5

用取土铲将盆土倒入盆底。

要诀

上方盆土不用放竹炭，否则盆景浸入水桶后，竹炭会浮出水面。

※盆土：8份赤玉土（小粒）、2份河沙混合。

6

用取土铲将盆土从上方倒入盆内。

7

插入竹片（竹签也可），捣实盆土间的缝隙。

8

用钳子将金属丝拧紧，固定树木，剪掉多余的金属丝。

9

水桶内倒入水，将盆器浸入水中，直到水接近盆器上部，让盆景吸收水分，然后沥干。

水苔铺上盖网

2月中旬

1

将放入水中浸泡的水苔用手轻轻拧干，用修枝剪剪碎。

2

用镊子将水苔放在盆土表面。

3

用手指轻轻按压，使其固定。

4

将细金属丝做成U形卡。

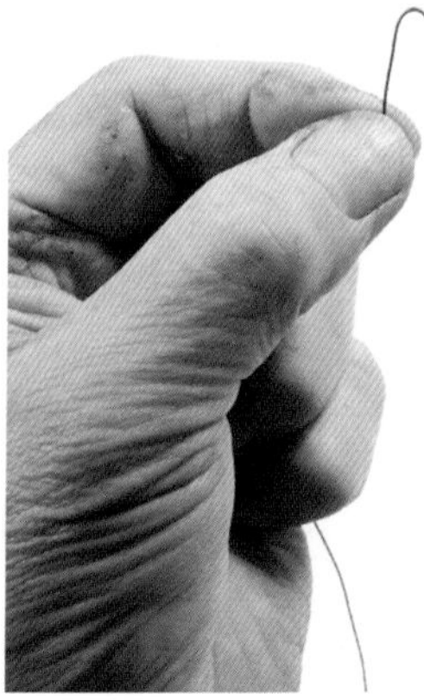

5

将剪成1厘米宽的盖网铺在盆土表面，在若干处用U形的金属丝卡往土里插，固定住盖网。

6

将盖网铺至盆器边角时，翻折弯曲，覆盖所有盆土。

7

完成移栽后，铺上水苔和盖网后的成品。

8

进入5月，开始长出叶片。

小贴士

促果秘诀

短枝能萌出花芽，来年便可开花。注意修剪时不要剪到花芽。

雌雄同株。自然杂交就能顺利结果。

悬崖　高 15 厘米　宽 30 厘米　美艺盆

垂丝卫矛

资料

别名：—
分类：卫矛科卫矛属（落叶灌木）
树形：悬崖、半悬崖、文人木等

果实宛若风铃 树干纤细优美

垂丝卫矛分布于日本各地。分布于中国或朝鲜半岛的暖带树种，非常耐寒。红色果实裂开，朱红色的种子下垂，随风摇曳，绰约多姿。和西南卫矛、卫矛同属，果实外形相似。枝条稀疏，适合制作树干纤细的树形。

管理要点

放置地点	放于日照、通风良好的地方。夏季要遮光。
浇水	盆土表面干燥后，浇足量的水。成长期注意避免过于潮湿。
施肥	施固体肥料。
病虫害	注意蚜虫、介壳虫、烟煤病。要定期消毒杀菌来预防。
移栽	每2年1次。3～4月适宜移栽。

操作日历

	1月	2月	3月	4月	5月	6月	7月	8月	9月	10月	11月	12月
移栽·扦插			■	■								
摘芽				■	■							
施肥				■	■	■			■	■		
缠绕金属丝·拆掉金属丝			■	■	■	■	■					

移栽入浅盆中

【操作前】11月上旬

【操作前】4月上旬

【操作后】4月上旬

【操作后】5月中旬

修剪 4月上旬

1 用修枝剪将扰乱树形的立枝剪掉。

2 用抹刀（竹片也可）将伤口愈合剂涂抹在切口上。

蟠扎·整枝 4月上旬

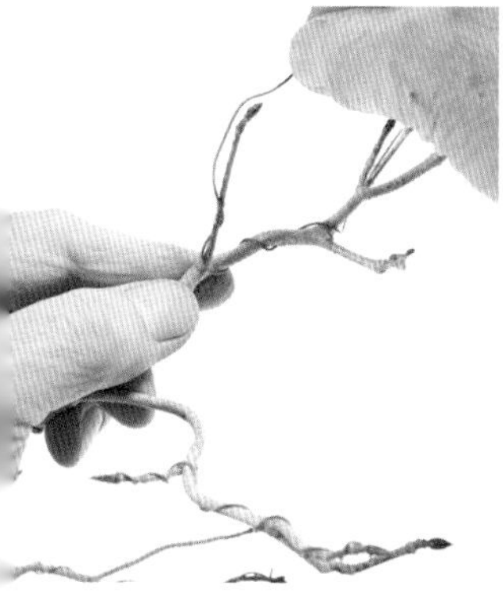

1 将每根枝条都缠上金属丝，予以整枝。

2 完成蟠扎、整枝。

移栽 4月上旬

1 将树木从盆中取出。

2 准备盆器和盆土。

※盆土：8份赤玉土（中粒）、2份河沙混合。

3 完成移栽，铺种苔藓。

小贴士

促果秘诀

雌雄同株。5 月中旬开花，自花授粉，进入 6 月中旬开始结出小粒果实。

南蛇藤

资料

别名：蔓梅凝
分类：卫矛科南蛇藤属（藤蔓落叶灌木）
树形：悬崖、风吹、模样木、文人木、露根等

悬崖　高 10 厘米　宽 15 厘米　祥石圆盆

黄色果实开裂
藤蔓也能塑造老树感

南蛇藤分布于日本、朝鲜半岛等地。黄色果实开裂，会露出朱红色的种子。虽然是藤蔓，但历经岁月后会木质化，呈现出老树的风韵。分出小枝的寒树，也别具风情。黄叶从黄色渐变至橙色，非常漂亮。创作出伏根或露根的树形，树姿也会千变万化。

操作日历	1月	2月	3月	4月	5月	6月	7月	8月	9月	10月	11月	12月
移栽			■	■								
切芽				■	■	■	■					
施肥				■	■	■			■	■		
缠绕金属丝			■	■	■	■	■					
拆掉金属丝									■			

管理要点

放置地点 放于日照、通风良好的地方。在荫蔽处会影响结果。梅雨季后到夏季，搬到半阴处。

浇水 喜水。盆土表面干燥后浇足量的水。夏季每日2～3次。

施肥 施固体肥料。

病虫害 注意蚜虫、介壳虫。

移栽 每2年1次。3～4月适宜移栽。

移栽于盆器内

【操作前】4月下旬

【操作后】6月中旬

蟠扎·整枝 4月下旬

1 将每根枝条都缠上金属丝，予以整枝。

2 完成蟠扎、整枝。

移栽 4月下旬

1 用根钩将根系从上到下松开。

2 用修根剪将长根剪掉。

3 完成根系修剪。

4 用高压水枪将根系清洗干净。

要诀

如没有高压水枪，可以将水管出水端捏细，喷洗根系。

切芽

6月中旬

1

新芽萌发。

2

用修枝剪将生长过快的芽剪掉。

小贴士

促果秘诀

初夏开花后可进行杂交。其雌雄异株，虽然也可以自然杂交，但用镊子取下雄树的花，与雌树人工授粉更有作用。

5

准备盆器和盆土。

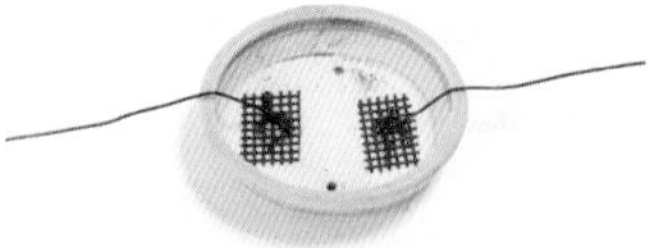

※盆土：8份赤玉土（中粒）、2份河沙混合。

6

用取土铲将盆土倒入盆内，插入镊子（竹签也可），捣实盆土之间的缝隙。

※盆土：8份赤玉土（小粒）、2份河沙混合。

7

完成移栽，铺种苔藓。

悬崖　高 20 厘米　宽 26 厘米　中国盆

日本南五味子

资料

别名：美男葛、红骨蛇
分类：五味子科南五味子属（藤蔓常绿灌木）
树形：斜干、模样木、悬崖、附石等

红色果实宛若鹿子饼 可观赏到冬季

日本南五味子分布于日本关东以西至北陆以南、朝鲜半岛、中国台湾岛。旧时将其树液抹在头发上整理鬓角，因此得名“美男葛”。开淡白色的小花，果实如同日式糕点中的鹿子饼，累累垂垂。8～9月开花，进入11月开始上色，12月末变成红色，进入第二年2月就变成漂亮的淡粉色了。

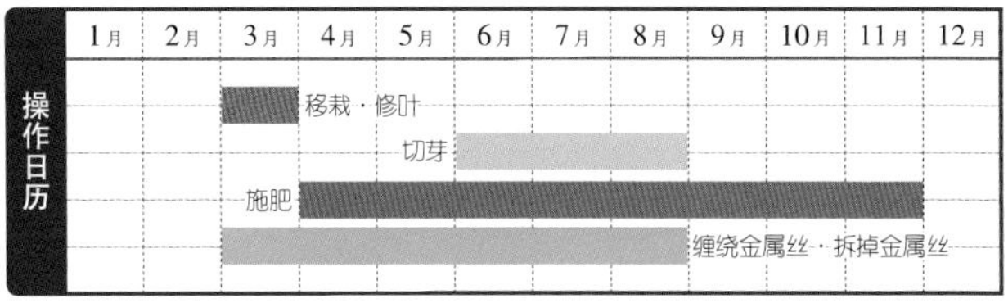

管理要点

放置地点 放于日照、通风良好的地方。虽然也能放于半阴处，但影响枝条的生长。

浇水 喜水。盆土表面干燥后，浇足量的水。

施肥 施固体肥料。肥料过多，花期会变长，藤蔓伸展也能调整树形。

病虫害 无病虫害。

移栽 每1～2年1次。3月适宜移栽。

创作

悬崖

【操作前】3月下旬

→

【操作后】3月下旬

→

【操作后】5月中旬

修剪 3月下旬

1 用修枝剪将重叠枝（重叠的枝条）剪掉。

2 完成重叠枝修剪。

蟠扎·整枝 3月下旬

1 将每根枝条都缠上金属丝，予以整枝。

2 完成蟠扎、整枝。

移栽 3月下旬

1 用修枝剪将长根剪掉。

2 用根钩将根系从上到下松开。

3

根系已松开。

4

水桶内倒入水，用刷子将根系清洗干净。

5

准备盆器和盆土。

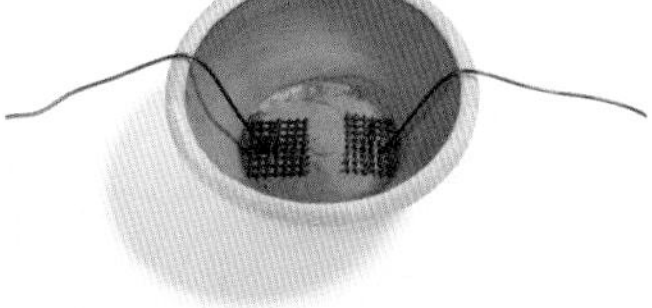

※盆土：8份赤玉土（中粒）、2份河沙混合后，另放入约1/10的竹炭。

6

完成移栽，铺种苔藓。

切芽

6月中旬

用修枝剪将生长过快的芽剪掉。

小贴士

促果秘诀

一株植物可结出雄花和雌花。

雄花花期较早，且较短，要放入冰箱冷藏保存，再进行人工授粉。

海棠果

资料

别名：姬林檎、沙果
分类：蔷薇科苹果属（落叶灌木）
树形：模样木、斜干、悬崖等

模样木　高 15 厘米　英明盆

观果盆景的女王
纯红的果实鲜艳夺目

海棠果原产于中国，日本北海道到北陆均有分布。是苹果树的小型树种。初夏开出美丽的白色花朵，秋天结出纯红的果实，真不愧是观果盆景的女王！树木强健，初学者也能轻松培育，但是树木不能结果。

管理要点

放置地点 放于日照、通风良好的地方。夏季避免西晒，冬季搬到屋檐下。

浇水 授粉后，注意避免缺水。

施肥 施固体肥料。

病虫害 注意黑星病、酮枯病、果树根癌病、蚜虫。

移栽 每2年1次。4月、9～10月适宜移栽。

操作日历

1月	2月	3月	4月	5月	6月	7月	8月	9月	10月	11月	12月
		移栽	■				移栽	■	■		
										摘果 ■	■
	施肥	■	■	施肥	■	■	施肥	■	■		
		■	■	■	■	缠绕金属丝·拆掉金属丝					

小贴士

促果秘诀

4 月中旬开花，5 月中旬开始结果，6 月中旬结出圆形的绿色果实。

1　如果想结果，就要避免移栽。
2　用镊子取下海棠的花，将花粉粘在苹果的雌蕊上。

3　开花后，注意避免淋雨。放于家中或屋檐下，避免花粉被冲散。

蓝色的小巧果实
秋季叶子转红颇有风韵

蓝莓原产于北美。在世界各地的暖带都有栽种。4月开出宛若吊钟般的白色小花，6月果实开始上色，秋季可以欣赏美丽的红叶。耐病虫害，所以无需消毒，果实可以直接食用。属于杜鹃花科，适合压条或扦插。

蓝莓

资料

别名：笃斯
分类：杜鹃花科越橘属（落叶灌木）
树形：斜干、风吹等

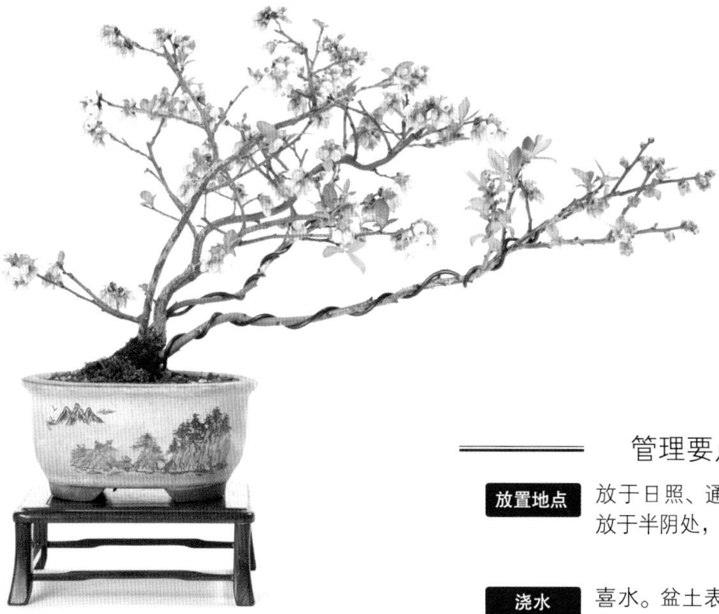

风吹　高 17 厘米　宽 25 厘米　日本盆

操作日历

	1月	2月	3月	4月	5月	6月	7月	8月	9月	10月	11月	12月
移栽			■						■			
摘果					■	■						
施肥			■	■		■	■		■	■		
缠绕金属丝·拆掉金属丝			■	■	■	■	■					

管理要点

放置地点 放于日照、通风良好的地方。放于半阴处，会影响结果。

浇水 喜水。盆土表面干燥后浇足量的水。夏季每天2次。

施肥 施固体肥料。

病虫害 无需担心病虫害。

移栽 每2年1次。3月、9月适宜移栽。

创作　风吹

【操作前】3月下旬

→

【操作后】3月下旬

修剪 3月下旬

用叉枝剪将多余的立枝剪掉。

蟠扎・整枝 3月下旬

1 将每根枝条都缠上金属丝，予以整枝。

2 完成蟠扎、整枝。

移栽 3月下旬

1 用根钩将根系从上到下松开，用修根剪将长根剪掉，继续用根钩疏松。

2 边将上翘的根系往下压，边用金属丝一圈圈缠绕。

3 准备盆器和盆土。

※盆土：3份赤玉土（小粒）、1份鹿沼土。

4 完成移栽，铺种水苔。

小贴士

促果秘诀

4 月上旬开花，6 月上旬果实开始上色后，便可以食用。

蓝莓容易结太多果，所以需要摘果。可多施肥料。

平枝栒子

纯红的圆形果实可自由制作树形

平枝栒子原产于中国，历经欧洲，传到日本。观果盆景的代表作。春季看淡粉色花朵满枝丫，9月果实开始上色，11月末欣赏红色果实。白色的花朵，也被称为白紫檀。树木强健，萌芽力旺盛，树干有老树感，可制作各种树形。

资料

别名：红紫檀
分类：蔷薇科栒子属（常绿灌木）
树形：斜干、悬崖、模样木、丛干等

斜干　高15厘米　宽18厘米 日本盆

操作日历	1月	2月	3月	4月	5月	6月	7月	8月	9月	10月	11月	12月
移栽			移栽	移栽								
切芽					切芽	切芽	切芽					
施肥				施肥		施肥	施肥		施肥			
缠绕金属丝·拆掉金属丝			缠绕金属丝·拆掉金属丝	缠绕金属丝·拆掉金属丝	缠绕金属丝·拆掉金属丝	缠绕金属丝·拆掉金属丝	缠绕金属丝·拆掉金属丝					

管理要点

放置地点 放于日照、通风良好的地方。夏季避免遮光，冬季搬到屋檐下。

浇水 成长期在夏季，注意避免缺水。

施肥 施固体肥料。

病虫害 病虫害较少。可以和其他盆景一起喷洒药剂预防。

移栽 每2年1次。3～4月适宜移栽。

移栽于相称的盆器

【操作前】11月上旬

【操作前】3月下旬

【操作后】3月下旬

【操作后】6月中旬

移栽 3月下旬

1 用根钩将根系从上到下松开。

2 用修根剪将长根剪掉。

3 完成根系修剪。

修剪 3月下旬

用修枝剪将下压的枝条剪掉。

要诀

让枝条的线条更为流畅，树形也会变得更好看。

蟠扎·整枝 3月下旬

1 将每根枝条都缠上金属丝，予以整枝。

2 完成蟠扎、整枝。

4

准备盆器和盆土。

盆土：8 份赤玉土（中粒）、2 份河沙混合，放入约 1/10 的竹炭。

5

完成移栽，铺种苔藓。

切芽 6月中旬

1

新芽萌发。

2

用修枝剪将生长过快的芽剪掉。

要诀

5 月中旬，开始切芽。

蟠扎·整枝 6月中旬

1

将每根新梢都缠上金属丝，予以整枝。

2

完成蟠扎、整枝。

小贴士

促果秘诀

4 月开花后，立刻会结果。因为花后必结果，所以无需人工杂交。

西南卫矛

资料

别名：真弓、桃叶卫矛、秤砣木、鬼见愁
分类：卫矛科卫矛属（落叶灌木）
树形：悬崖、斜干、文人木、模样木等

半悬崖　高 10 厘米　东福寺盆

果实宛若风铃 树干苍劲古朴

西南卫矛分布于日本各地的山野。果实较大，观赏价值很高。初夏开出淡绿色的小花，秋季淡红色的假种皮裂开，就能看到红色的种子。红色或白色的假种皮也颇受欢迎。图示卫矛具有荒皮性，树干容易变粗。实生苗容易隔代遗传，建议扦插或伏根。

管理要点

放置地点 放于日照、通风良好的地方。冬季搬到屋檐下。

浇水 喜水。盆土表面干燥后，浇足量的水。夏季注意避免缺水。

施肥 施固体肥料。肥料不足会容易掉果。

病虫害 注意蚜虫。要预防鸟害。

移栽 每2年1次。3月适宜移栽。

操作日历

1月	2月	3月	4月	5月	6月	7月	8月	9月	10月	11月	12月
		移栽									
			摘芽	摘芽	摘芽	摘芽					
			施肥	施肥				施肥	施肥		
		缠绕金属丝·拆掉金属丝	缠绕金属丝·拆掉金属丝	缠绕金属丝·拆掉金属丝	缠绕金属丝·拆掉金属丝	缠绕金属丝·拆掉金属丝					

移栽于相称的盆内

【操作前】11月上旬

【操作前】3月上旬

【操作后】3月上旬

移栽 3月上旬

1 完成根系修剪。

2 准备盆器和盆土。

※盆土：8份赤玉土（中粒）、2份河沙混合，另放入约1/10的竹炭。

3 完成移栽，铺种苔藓。

蟠扎・整枝 3月上旬

1 将每根枝条都缠上金属丝，予以整枝。

2 完成蟠扎、整枝。

3 将橡胶管穿过金属丝，固定树干，然后将蟠扎枝条的金属丝挂在树干的橡胶管上。

要诀

采用这种将枝条拉近树干的方法，就算力道较大，金属丝也不会嵌入树干中。

小贴士

促果秘诀

5月中旬开花。授粉前，不要从树木上方浇水。特别是雄花，花粉容易掉落。

授粉的方法是，用修枝剪刀尖或镊子夹起雄花，再粘在雌花的突起上（图片左）。

也可以手拿雄花和雌花的盆器，直接进行授粉（图片右）。

浇水时可将盆器放入水桶内，从盆器下方吸收水分，这样花粉也不会掉落。

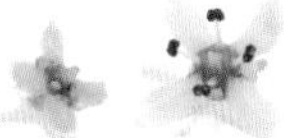

雌花：中间有突起　雄花：雄蕊较长

三叶海棠

资料

别名：深山海棠、山茶果
分类：蔷薇科苹果属（落叶灌木）
树形：模样木、斜干、悬崖等

模样木　高 11 厘米　雄山盆

果实或黄或红 枝条容易创作

三叶海棠分布于日本本州中部到北海道的山野。果实有黄色或红色，小巧可人。新梢长枝不长出花芽，短枝会开花，因此要多加注意。进入12月，果实会变色，到来年3月都能观赏美丽的果实。小枝容易分枝，枝条容易制作。

管理要点

放置地点 放于日照、通风良好的地方。冬季搬到室内。

浇水 喜水。盆土表面干燥后，浇足量的水。夏季注意避免缺水。

施肥 施固体肥料。

病虫害 注意蚜虫、介壳虫、果实根癌病。

移栽 每2年1次。3月适宜移栽。

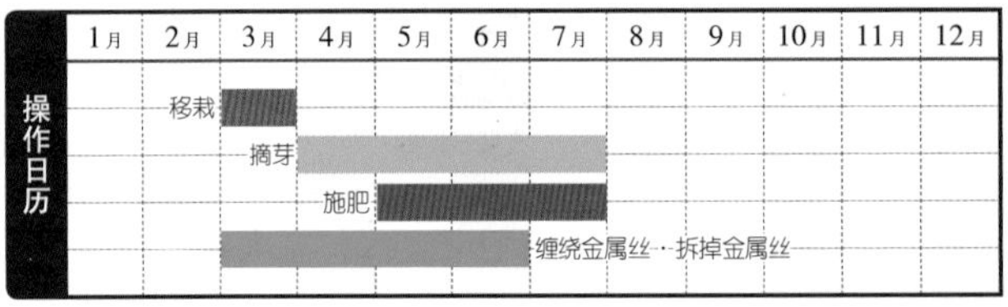

小贴士

促果秘诀

雌雄同株，所以无需人工杂交。

海棠是苹果的原种。苹果进行杂交时，常用到海棠的花粉。

半悬崖　高 13 厘米　鸿阳盆

老鸦柿

资料

别名：老爷柿
分类：柿科柿属（落叶灌木）
树形：斜干、文人木、悬崖、风吹、模样木等

鲜艳的大颗果实
令人想起山村的秋天

老鸦柿原产于中国，后传入日本。果实有橙色或红色，结出径宽2厘米左右鲜艳的果实。果实或累累垂垂，或稀疏零落，各具风情。图示品种杨贵妃，9月开始上色，来年2～3月就可以观赏了。从前柿子长于山中，如今会勾起众人的乡愁。

管理要点

放置地点 放于日照、通风良好的地方。梅雨季搬入廊下，夏季要遮光。

浇水 盆土表面干燥后，浇足量的水。夏季缺水，果实容易掉落。

施肥 施撒固体肥料。增加施肥量可以促进开花结果。

病虫害 注意蚜虫、介壳虫。

移栽 每2年1次。3月、9月适宜移栽。

操作日历	1月	2月	3月	4月	5月	6月	7月	8月	9月	10月	11月	12月
			移栽						移栽			
			人工授粉	人工授粉	人工授粉	人工授粉	人工授粉	切芽				摘果
			施肥	施肥		施肥	施肥		施肥	施肥		
			缠绕金属丝·拆掉金属丝	缠绕金属丝·拆掉金属丝	缠绕金属丝·拆掉金属丝	缠绕金属丝·拆掉金属丝	缠绕金属丝·拆掉金属丝					

修整

半悬崖

【操作前】3月下旬

【操作后】3月下旬

【操作后】5月中旬

修剪 3月下旬

1 用叉枝剪将枯枝剪掉。

2 用叉枝剪将扰乱树形的长枝剪掉。

3 完成对扰乱树形的枝条的修剪。

4 完成蟠扎、整枝、修剪。

蟠扎·整枝·修剪 3月下旬

1 将每根枝条都缠上金属丝，予以整枝。

2 用叉枝剪将扰乱树形的枝条剪掉。

换盆 3月下旬

要诀

柿子根系含有生涩物质，所以呈现黑色。

1 换盆时，无需疏松根系，直接栽种即可。

2 完成换盆，铺种苔藓。

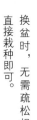

切芽 5月中旬

1

新芽萌发。

2

用修枝剪将生长过快的芽剪掉。

3

完成切芽。

小贴士

促果秘诀

开花后，开始授粉。用镊子夹取雄花的花粉，粘在雌花上。

授粉

雌花：有花萼

雄花：没有花萼

到了5月中旬，老鸦柿开始结果。此时呈现绿色，但到了秋季会变成朱红色。

喷洒赤霉素

没有雄花时，可以用下述方法作为辅助手段。

用手持喷雾（水300毫升+赤霉素粉末1包）喷洒花瓣，会有利于结果。

岩千鸟

小花娇俏如千鸟飞过 有紫色和白色两种

高 12 厘米　中国盆

岩千鸟分布于日本本州的中部地区以西、四国、岩壁低洼地带，又称八千代。平时放于日照、通风良好的地方养护；进入梅雨季后，搬到半阴处，以免晒伤叶子。到9月末再搬到阳光下。进入晚秋，植物地面上的部分枯萎后，搬到阴凉的屋檐下，浇足量的水。春季施撒野草的置肥。发芽至6月下旬、9月中旬至10月中旬施撒液肥。注意蚜虫、夜盗虫。1～2年移栽1次。要在3月末发芽前移栽。

➜多年生草本。4月下旬至5月中旬开花。

越橘

可爱小花、红色果实欣赏硕果累累

高 5 厘米　日本盆

越橘分布于北美、北欧的高原湿地。实生莓果类，又称苔桃、红豆。叶子光泽鲜艳，即使冬季也不会落叶，极具观赏价值。喜阳。浇水时，盆土表面干燥后浇足量的水，夏季早晚浇2次。虽然没有必要施肥，但春季和秋季要分别施一次液肥。几乎无需担心病虫害。每3～4年移栽1次。12月至次年3月移栽。

➜多年生草本。6～7月开花。9～10月收获。

樱草

从淡粉色到白色花色和花形丰富多样

樱草原产于西伯利亚东部至中国东北部、朝鲜半岛、日本列岛。2～5月，放于日照良好的地方培育。夏季到秋季叶子变黄后，搬到阴凉的地方。浇水时，盆土表面干燥后浇足量的水。移栽时，施撒少量的缓释肥料。3～4月，每月1～2次喷洒少量花草用的液体肥料。注意夜盗虫、蚜虫。12月至次年2月移栽。每1～2年就可以分株。

➜多年生草本。4～5月开花。

高 6 厘米　土交盆

堇菜

路边悄悄绽放来自春天的礼物

堇菜分布于草地、田地和路边。落叶草本，耐寒，常用来点缀盆景。放于日照、排水较好的地方。夏季午前搬到半阴处，以免晒伤叶片。盆土表面干燥后浇足量的水。撒施缓释肥料作为基肥；2～10月，每月撒2～3次液体肥料。注意黑星病、蚜虫。每年移栽1次。晚夏至晚秋、2～3月适宜移栽。

➜多年生草本。4～5月开花。

高 5 厘米　土交盆

高 8 厘米　日本盆

齿瓣虎耳草

花色和花形种类丰富

齿瓣虎耳草分布于岩壁的野草。在排水良好的半阴处培育，更能促进开花。冬季时植株地上部分会枯萎，但如果秋季时搬入室内，可长期欣赏。浇水时，盆土表面干燥后浇足量的水。春季和开花后要施撒适量的固体肥料。注意夜盗虫。早春和花后移栽。

➜多年生草本。8～11月开花。

高 12 厘米　日本盆

槭叶草

茎部顶端小花锦簇

槭叶草分布于中国东北部到朝鲜半岛。生长在低矮山脉的河岸边。到了秋末，植株地上部分会枯萎。夏季要避开日晒。浇水时，盆土表面干燥后浇足量的水。撒施少量固体肥料作为追肥就可以。注意蚜虫、夜盗虫。每2～3年移栽1次，休眠期适宜移栽。

➜多年生草本。2～3月开花。

高 5 厘米　一苍盆

大花远志

如豆科植物般珍贵的花

大花远志原产于欧洲中部的阿尔卑斯・喀尔巴阡山脉。分布于日本高山的岩壁。放于日照、通风良好的地方，夏季避免日光直晒。3月、5月、10月撒施少量固体肥料。无需担心病虫害。2月上旬至3月下旬、9月下旬至10月下旬适宜移栽。注意其不喜酸性土壤。

➜常绿灌木。4～6月开花。

野绀菊

秋季深山悄悄绽放

野绀菊分布于日本各地的山野，又称野菊。放于日照、通风良好的地方培育。夏季避免日光直晒，以免晒伤叶子。浇水时水要足量。4～5月、9月，每月施撒1次固体肥料。注意红蜘蛛、蚜虫。每1～2年移栽1次，春季移栽或分株。

➜多年生草本。7～10月开花。

高8厘米　秀邦盆

姬紫金牛

红色的果实点缀其中

姬紫金牛分布于林下。5～9月放于阴凉处，4月和10月放于半阴处，11月至次年3月放于日照良好的地方。冬季注意不要冻坏花盆。减少浇水量。4～11月，每2个月放一次油粕。注意蚜虫。每2～3年移栽1次。2～4月、9～11月适宜移栽。

➜常绿灌木。7～8月开花。11月结果。

高6厘米　胜山盆

虎耳草

绿叶白边十分鲜亮

虎耳草分布于日本或中国的山间湿地。放于阴凉处或半阴处，避免日光直晒。喜水。春季和秋季减少固体肥料的用量。注意红蜘蛛、蚜虫和夜盗虫。开花后植株容易枯萎，等藤蔓尖端长出新枝后，移栽到其他盆中繁殖。

➜常绿多年生草本。5～7月开花。

高5厘米　一苍盆

用室内
杂货装饰盆景

很多人跟我讲，对于悉心栽培的盆景，真想随意玩一把。为此，我使用室内杂货来装饰盆景。在客厅或玄关，只要有一点空间就足够啦！随心所欲地自由创作就好。

制作：镰仓木花草　成松幸惠（大和园研修生）

◆放在猫脚桌上

将两张桌子摆在一起时，高低错落，立体感油然而生，也让盆景更协调。

子持莲华（图片左）　圆叶小石矶（图片右）

◆放在硅藻土垫上

彩色的硅藻土垫美轮美奂！
排水性好，也很保水，最适合放置盆景。

圆盖阴石蕨（图片左） 姬玉簪（图片右）

◆放在小架子上

改变架子的高度，错落有致。如果搭成三角形，让整体更协调。可以放上猫咪、青蛙、红色邮筒等可爱饰品。

槭树、屋久岛芒草、筑紫唐松草（图片从右开始）

盆景用语

一年品种
实生苗或扦插苗一年左右就能开花、结果。

人工授粉
将雄蕊的花粉粘在雌蕊上，进行人工授粉。

八房性
枝条或叶片小巧细密。早期就能轻松创作树形，在盆景上备受关注。

干肌
树干表面的状态。有平滑、粗糙、树皮剥落、纹理细腻等各种状态。树木不同，品相也各有不同。能让盆景呈现出老树感，使盆景更受好评。

大型盆景
树高60厘米以上的盆景。

小型盆景
树高20厘米以下的盆景。常用“置于一手之中”来形容大小。

不定芽
一般会在叶片附近萌出新芽。在其他部分（树干、枝条之间）萌出新芽叫做定芽。

切叶
用剪刀将叶片的轮廓剪小，利于日照或通风。

切芽
将新芽从底部剪下，激发第二次萌芽。

中型盆景
树高20厘米以上、60厘米以下的盆景。

水苔
长于湿地的一种苔藓。非常保湿，透气性也好。制作盆景时，让干燥的水苔充分吸收水分，铺在盆土表面。

分干
盆景树形。从一根树木的根部，长出几根树干。

分株
一种繁殖方法。将植株从根底分开，分成几株。大多在根系遍布盆中的时候才进行此操作。

分蘖
从树木底部萌出不定芽。若放置不管，树木就会变弱，所以发现后要剪掉。

风吹
盆景树形。树干或枝条如被风吹过般自然卧倒。

文人木
盆景树形。长出纤细的树干，剪掉低垂的枝条。

双干
盆景树形。树干从底部分成两个树干。

平石
可作为盆器使用。天然的平石上，用泥炭土栽种树木。其颜色和形状各异，带有裂痕的平石烘托出一种沧桑的年代感。

叶片晒伤
夏季，叶片或枝条末梢变成褐色或黄色。原因多为夏季缺水。根据树种不同，必要时需要遮光。

叶性
树种不同，即使同一个种类，叶片也有差异。叶或纤细、短小、细密，颜色也千差万别。树种不同，有各自理想的叶性。

叶面喷水
浇水时，叶片也要浇水。夏季天气炎热或者移栽后，大多给叶面喷水。

四季常开
一整年可开花数次。

丛干
盆景树形。将几棵树木栽入一个盆中。

主干
几棵树干中，位于最中心的粗壮树干。主木分干或丛干时，作为中心的树木。或者装饰盆景时，作为主角的树木（松柏类）。

立芽
用金属丝将芽尖端缠起，整枝时将尖端向上提，利于日照或通风，也易于萌芽，且外表看起来生机勃勃。此技巧常用于松柏。

半阴处
一种日照条件。一天能晒到3小时以上，不会有西晒。

半悬崖
盆景树形。树干或枝条低于盆器边缘的姿态。

母树
作为插枝来源的树木。扦插或嫁接时，会将其枝条扦插或嫁接。

扦插
一种繁殖方法。将枝条剪下，插入土中使其生根。

老树感
看起来与老树很像。低垂的枝条、历经风雪的树干、粗壮的根系，也是别具特色。

地板装饰
在壁龛里装饰上盆景。由主木（松柏等）、配景（杂木或草本）、挂轴三部分构成。主木要朝着挂轴的方向。

共生菌
又称菌根菌。移栽松柏类时，将根系从盆中取出，就能看到根系周围的白色部分。这是树木健康生长的证明。

压条
一种繁殖方法。将树干划出伤口，会从伤口处生根，然后剪下。树干变短，再栽入新的盆中。

灰色霉菌病
花朵、花蕾或叶片长出灰色的真菌，是一种腐败的病症。开完花的残花多为致病原因。

竹炭
盆景使用的盆土。将竹子焚烧而成，碱性，容易吸收水分或营养成分，通气性良好。

伤口愈合剂
将修剪后树干的切口涂抹伤口愈合剂。可预防病菌从切口处侵入。

杂木
在盆景的分类中，主要指的是可观赏落叶阔叶树的盆景。观赏盆景从萌芽、绿叶、红叶或黄叶到寒树的状态。

多年生草本
多年不会枯萎，仍能开花。有的露出地面上的部分会枯萎，有的则不会。

异色花
一棵树上开出颜色不同的花朵。

异形盆
形状特别或发生窑变的盆。

观花盆景
在盆景的分类中，可观赏花朵的盆景。为了促进花芽生长，修剪的时机非常重要。

观果盆景
在盆景的分类中，可观赏果实的盆景。树木不同，繁殖方法也不同。

红叶
进入秋季，叶片开始变红。

赤玉土
盆景用土。常用中粒、小粒，保水性良好。

赤星病
叶片长出橙色的斑点，变得枯萎。多发于梨树、苹果树等蔷薇科果树、花木。

扭干
树干扭转的状态。为了塑造出老树感，将树干缠上金属丝，做出扭转的状态，别具特色。另外，扭转后起瘤的地方，叫做扭干瘤。

花芽
会长出花朵的芽。树种不同，花芽的生长方式也有差异，修剪时要多加注意。

花架
可同时摆设几种盆景的架子，分为两层和三层。

花架装饰
利用花架装饰几盆小型盆景。作为主角的松柏装饰在中间，点缀上配景保持协调。

花穗
小花成团成簇，形状类似稻穗。

园艺品种
为了观赏或便于培育，进行人工授粉或选择的品种。

忌枝
扰乱盆景树形的无用的枝条。如果修剪期间发现，一定要将其剪掉。

附石
盆景树形。宛若生长在悬崖断壁上。可在平台放上泥炭土，再栽上树木，或者栽入石头的天然凹陷处，营造出被石头环绕的感觉。

直干
盆景树形。一棵树干傲然耸立的姿态。

直根
直立伸展、粗壮的长根。制作盆景时，要趁早剪掉，让横根伸展长成粗壮的根基。

苔球
将根系用泥炭土包成球，表面铺上苔藓。

松柏盆景
在盆景的分类中，可观赏常绿针叶树的盆景。一整年叶片常绿不变色，常用作新年装饰。

果树根瘤病
根部长出瘤子的病症。蔷薇科的盆景容易发病，移栽时要杀菌预防。

固体肥料
放在盆土（苔藓）上面，作为置肥。与液肥相比，效果更持久。

舍利干
剥去树皮，露出白色树干部分，塑造历经风雪的沧桑感。此技巧常用于松柏类。

底板
盆景使用的垫板。

浅盆
盆的直径（口径）在盆器高度一半以下的就是浅盆。

河沙
盆景使用的盆土。排水、通气性能较好。

泥炭土
盆景使用的盆土。用来制作附石或草本盆景的苔球。

泥盆
素烧的盆器。常用来栽种松柏，分为朱泥、紫泥、白泥等。

实生
一种繁殖方法。从种子发芽开始培育。虽然繁殖简单，但也有可能出现品种变化。

草本盆景
在盆景的分类中，可观赏花草的盆景。大多是开花的野草。多在装饰盆景时作为配景。

荒皮性
即使同一种树木，有些小树的树干十分粗糙。短时间就能塑造出老树感，非常受人青睐。

树干分叉
树干往上生长期间分出叉。在盆景中，主干较粗，副干较细。

树干协调感
树干从根底开始向着树冠慢慢变细。为了呈现大树感，此元素非常必要。

树形
直干、双干等树木的形状。

树势
树木的长势。枝叶、树干等生长状态。

树种。
树木的种类

树冠
树木最上部的轮廓。大多以半圆形最为理想。

树高
从盆器边缘到树冠的高度。

树龄
树木的年龄。有些盆景能根据树干的纹理来判断年龄。

残花
开花后剩余的花朵。如置之不理，树木会变弱，引发病害，故应及时摘除凋零的花朵。

种木
用于实生、扦插、压条、嫁接等的树木。

修叶
从支撑叶片的叶柄部分剪下。更容易生出侧芽，长出细长的枝条。此技巧常用于杂木类。

修剪
剪掉树干或枝条。剪掉扰乱树形的枝条、无用的枝条（忌枝、老枝、枯枝等），修整树形。为了抑制树高，剪掉长势较好的树干。

修整枝条
修剪枝条末梢，让枝条分布变得均匀。

追肥
树木生长期间，要施撒肥料。大多施撒固体肥料。

盆底孔
盆底的孔洞，有促进盆土排水的作用。根据盆器的大小或形状决定盆底孔的数量。

盆底网
移栽前，将盆底用金属丝固定。可以预防盆土从盆底流出和昆虫从盆底爬入。

洗根
移栽时将根系用水洗净，冲去盆土。

神枝
剥去枝条表皮，露出白色部分，塑造历经风雪的沧桑感。此技巧常用作松柏类。

换盆
将栽入盆器的盆景，无需处理根系，使用新的盆土，栽入另一盆中。

莲蓬头
喷壶的喷嘴，水像从花洒流出一样。水流较弱，无需担心伤到树木。

根基
出现在地上的根系部分。最理想的状态是根系向四周分布。

根颈
从根系到树干之间直立的部分。

配盆
将盆器和树木搭配组合。从各种盆中选出最能凸显树木风格的盆器。

配景
盆景装饰中，除了主木以外的物品，如杂木、观花、观果、草本等。也包含石头、摆件。

桌案
只搭配一盆盆景的四脚花架。

缺水
浇水不足，叶片容易凋零或枯萎。可整个浸入水中作为应急处理方法。

牺牲枝
本来就没用的枝条。为了让枝条底部变粗暂时使其生长，适时剪掉的枝条。

徒长
光照不足或者潮热时，枝条会长得越来越细。

徒长枝
枝条生长过快。如果放任不管，会与其他枝条争夺营养。

烟煤病
叶片如同撒上黑粉的病症。以蚜虫、介壳虫、红蜘蛛等昆虫的排泄物为养分的霉菌。松柏类容易发病。

真菌
叶片出现白色斑点的病症。春季和秋季容易发病。

基本树形
为了创作出美丽的盆景，制作基础的树形。

黄叶
进入秋季，叶片开始变黄。

常绿树
叶片整年常绿的树木。又称作“常盘木”。

悬崖
盆景树形。树干或枝条低于盆底的树形。

移栽
栽入盆器或塑料盆的盆景。移前处理根系，然后使用新的盆土，栽入另一个盆中。

第一枝条
树木最下面的枝条。从下往上数依次为第二枝条、第三枝条。

斜干
盆景树形。将树干往右倾斜或往左倾斜的姿态。

彩绘盆
描绘图画的盆器。大多上釉后描色绘彩。

彩釉盆
上釉的盆器，颜色丰富多彩。

鹿沼土
盆景使用的盆土。酸性较强，常用于杜鹃。注意容易潮湿。

剪枝
枝条混杂时，减少枝条数，让枝条更清爽。

液肥
液体肥料。见效较快，常用于草本盆景。

深盆
盆器的高度和口径大小相同，或者比口径还要高。常用于悬崖、半悬崖等树形。

落叶树
进入秋季叶片落下，到了春季会长出新叶。虽然落叶树一般都是阔叶树，但在针叶树中，也有落叶松等落叶树。

短叶法
松树独特的修剪法，分为摘芽、切芽、剔芽、摘叶等。其目的是为了将叶片或枝条修短。

寒树
杂木类盆景冬季的状态。叶片凋零，只留树干和枝条，造型孤寂，惹人怜爱。

疏叶
剪掉枯萎的叶片，整理树形，让日照或通风效果更好。

摆件
用人物、动物、海洋生物、建筑等小件物品点缀盆景，以营造意境。

置肥
将固体肥料放在盆土上，用金属丝固定。

矮性
草本，要比一般标准株高长得更小。

微型盆景
树高10厘米以下的盆景。

截剪
在萌芽位置（靠近怀枝的枝条）的末梢进行修剪，可以抑制枝条的长度，促进萌芽。这是小型盆景必不可少的操作。

摘芽
用镊子将新芽的尖端摘下，促进侧芽的生长。

摘果
制作观果盆景时的操作。结果过多，长出歪果，会加重树木的负担，所以要疏果。观赏期过后，尽快摘果，这样来年仍可硕果累累。

模样木
盆景树形。树形端庄自然，其前后左右出枝及结顶规整有序。

雌雄同株
一棵树上同时拥有雄花和雌花。

雌雄异株
能区分出雄木和雌木。

遮光
夏季使用遮光网或者帘子，适度遮蔽阳光或高温，为树木创造最适宜的环境。

遮光网
网纱材质。用于防晒或防寒。大多装在盆景架周边的支柱或顶上。

撒种苔藓
将苔藓剪下，铺在盆土上，长出新的苔藓。如生长整齐，更为美观。

靠接
让没有枝条的部分，长出新的枝条。将枝条底部划伤，将其他枝条靠在此处，使其存活。

整个浸泡
水桶内倒满水，将盆景整个沉入桶中，这样所有盆土都能充分吸收到水分。此为盆景缺水时的应急处置方法。

整枝
蟠扎后，让枝条自由弯曲，塑造理想的树形。

整姿
将盆景的树形，或树木的正面进行大的改进。

蟠扎
树干或枝条缠上金属丝。之后进行整枝，整理树形。盆景中常用铜线或铝线。

露根
盆景树形。从盆器边缘露出根系的状态。

图书在版编目（CIP）数据

树木盆景制作完全图解 /（日）广濑幸男著；周小燕译.
—福州：福建科学技术出版社，2020.1（2023.6重印）
ISBN 978-7-5335-5927-4

Ⅰ.①树… Ⅱ.①广… ②周… Ⅲ.①盆景－观赏园
艺－图解 Ⅳ.① S688.1-64

中国版本图书馆 CIP 数据核字（2019）第 120655 号

书　　名	**树木盆景制作完全图解**
著　　者	[日]广濑幸男
译　　者	周小燕
出版发行	福建科学技术出版社
社　　址	福州市东水路76号（邮编350001）
网　　址	www.fjstp.com
经　　销	福建新华发行（集团）有限责任公司
印　　刷	福州德安彩色印刷有限公司
开　　本	787毫米×1092毫米　1/16
印　　张	16
图　　文	256码
版　　次	2020年1月第1版
印　　次	2023年6月第5次印刷
书　　号	ISBN 978-7-5335-5927-4
定　　价	78.00元

书中如有印装质量问题，可直接向本社调换